明解 熱力学

Understanding Thermodynamics

糸井千岳
糸井充穂
鈴木 正 著

共立出版

まえがき

熱力学は物理学科や化学科を含む理工学系だけでなく医歯薬系を含む理系の様々な専攻において履修されている．熱力学は他の物理学の科目である，力学，電磁気学，量子力学などとは異なるむずかしさがあるといわれている．はじめに，筆者が感じている熱力学のむずかしさについて述べる．熱力学第1法則までの基本概念は高校の物理でも学習されていることであり，また，その概念は力学など他の物理学の分野と共通するので，大学の熱力学を勉強し始めた人にとっても理解する上ではそれほど困難に感じないようである．強いていえば，多変数関数の微積分に慣れないことから，力学的な仕事のように積分経路に依存した状態量でない量の計算に若干のむずかしさを感じるかもしれない．しかし，それも熱力学を力学や電磁気学とともに学習しながら多変数関数の微積分の計算練習の経験を積んでいくと次第にできるようになり，十分な理解が得られていく．一方，熱力学第2法則の理解はあまり簡単でなく，かなり勉強していても，すっきりと理解できていないと感じている人が多いようだ．しかしながら，熱力学の理解は第2法則を理解できたかどうかにかかっているので，熱力学全体を理解したと満足していない人が多いのが実情である．このような困難の原因を考えてみると，第1に，熱力学第2法則は他の物理法則と異なり，Kelvin（ケルビン）の原理，最大仕事の原理，エントロピー増大の法則など同じ内容に対して多くの異なる表現があり，その論理的なつながりを追うだけで大変であることに加えて，標準的な学習の順序がなく講義者や教科書執筆者の流儀によって提示される順番が異なるために学習しにくい．第2に，通常の教科書でエントロピーはClausius（クラウジウス）等式に基づく経路に依存した積分で定義されるので，状態量であることを理解しにくい．エントロピーという基本的な状態量の定義のために，複合過程からなる熱機関であるCarnot（カルノー）機関の解析が必要とされるので，基本状態量の定義のために複雑な過程を理解しなければならないことは初学者にとって負担が大きい．その結果，ある状態変化によるエントロピーの変化を計算するとき，Clausius等式が成り立つ条件やエントロピーが状態量であることを忘れてしまうという間違いに陥りやすい．第3に，物理学のほとんどの法則は等式で表されるが熱力学第2法則だけは異例で不等式で表される．物理学の法則としての不等式は物理学の初学者にとって不慣れである．不可逆過程の具体的な計算をあまり経験しないまま，不等式が成り立つはずであるという論理的な命題だけから第2法則を理解しようとしても，不可逆過程に対する具体的な描像が得られにくい．物理学科をはじめとする理系の学生が，その理論を理解したと感じるためには，その理論が研究対象の状態をどう記述しているか，さらにその記述のもとでその理論が原理的に何を予測できるのかを判断できることが必要である．実は筆者もそのような意味で，不可逆過程を含む問題に対して，それが熱力学の「予測可能な問題」か「予測不可能な問題」かを判断できるほど熱力学を理解してはいなかった．熱力学の講義を担当し，より良い教育を目指して，具体的に定量的な評価のできる不可逆過程の例題をいくつか作成し，試行錯誤を繰り返しながら講義を行うようになるまで，熱力学の予測能力がどのようなものか，すなわち熱力学を理解できていなかったのだと今では感じている．

本書は，上で述べた初学者にとっての困難をできるだけ解消することを目的としている．歴史的には熱力学は熱機関のような複雑な複合過程からなる現象を解析するために確立されてきたことから，熱力学の教科書や伝統的な学習過程においては，特に第2法則の理解に複雑な熱機関を学習する慣習に従っている場合が多い．しかしながら，どんな過程も熱力学の普遍的な法則に従っているので，単純な過程から熱力学の第1法則と第2法則を本質的に理解することが可能である．本書では，できるだけ単純な過程のみで熱力学の基礎概念である第1法則と第2法則を理解できるように構成されている．熱力学を理解できたと感じるためには不可逆過程の理解が必要不可欠なので，本書では不可逆過程を真正面から考察する．本書の特長は，不可逆過程の理解の鍵となるエントロピーを複合過程を経ずに単一の断熱過程によって定義していることと，不可逆過程の定量的な計算を行う例題や問題を多く提示していることにある．それらの例題や章末の問題を解くことによって，不可逆過程はどのように起るのかを具体的に理解することを目指す．本書では，熱力学の論理構成を支える，用語や量の定義，実験事実から定められている前提とそれから論理的に導かれる定理を明示する．はじめに，1章では気体または液体を閉じ込める環境の設定と平衡状態，その環境を変化させる操作を定義する．2章で熱力学第1法則を，

3章で熱力学第2法則を学ぶ．3章ではまず，熱力学第2法則の表現の中では受け入れやすい「Planck（プランク）の原理（内部エネルギー増大の原理）」を本書の論理的な前提として提示する．その後，エントロピーを簡潔に定義し，その定義から理想気体のエントロピーを状態の関数として具体的に求める．さらに，その結果に基づいて，「エントロピー増大の法則」を「Planckの原理」の一般化として導く．また，不可逆過程でも定量的な答が出せる例題でエントロピーの変化を計算し，その結果がエントロピー増大の法則の不等式を満たしていることを確かめる．このように本書では，始状態とその状態に対する不可逆過程を定めて，到達する終状態を定量的に求めることによって熱力学第2法則を具体的に確かめ，理解を深めることを目標としている．4章では複合過程である熱機関を学ぶが，基本概念の形成から応用に向かうような方向性をもたせてある．5章では有用な熱力学関数に対する一般論を与え，物質量も熱力学関数として扱う形式も取り扱う．6章では実在気体の現象論的な取り扱いを学ぶ．

本書は，物理学科だけでなく，大学で熱力学を学ぶすべての学生を対象としている．前提として，通常の学部1年次に学ぶ多変数関数の微分，1変数関数の積分，および高校で学ぶ程度の力学についての知識が必要となる．本書が熱力学を学ぶすべての学生にとって理解の助けとなれば，それは著者にとってこの上ない喜びである．

2023年 早春

糸井千岳，糸井充穂，鈴木正

目　次

第1章

熱力学における用語と設定

1.1 熱力学とは

熱力学は物質がやり取りする熱および，力学的仕事などの物理量や，熱力学的な状態を定量的，定性的に予測する物理学である．高校の物理学では熱力学第1法則を中心に学習するが，物質の変化の不可逆性に関する熱力学第2法則については教科書に詳しくは記載されていない．本書ではこの不可逆過程について詳しく具体的にかつ定量的に解説する．不可逆性とは元に戻らないという変化の性質である．はじめに，可逆性と不可逆性について述べる．物理学において，ある始めの状態からある規則に従って発展し，終わりの状態に至る過程を考える．もし終わりの状態から同じ規則で元の始めの状態に戻る過程が存在するならば，その過程は可逆であるといい，そうでない場合は不可逆であるという．力学の運動方程式に時間反転対称性がある場合，力学系の時間発展は可逆である．一方，摩擦や空気抵抗を含んでいる運動方程式には時間反転対称性がなく，そのような系の時間発展は不可逆である．このように不可逆性を示す系は狭い意味では力学系とはよばない．変化の不可逆性は，だれもが経験する日常生活にもよく見られる．熱いお湯は放置すると冷めるが，放置することによってより熱くなることはない．冷えた缶ビールは放置すると温まるが，放置することによってより冷えることはない．水に食塩を入れてかき混ぜると食塩水になるが，食塩水をかき混ぜても水と食塩に分離することはない．このように熱力学では，研究対象にある操作を行ったとき，ある限定した操作では元に戻らない現象を不可逆過程とよんで詳しく議論する．食塩水の例でもわかるように，蒸留するという操作を許せば，食塩と水に分離することは可能であるから，不可逆過程を定義するときには，許される操作を限定する必要がある．このような変化の不可逆性を物理学として扱うには，取り扱う対象の状態の定義，操作や環境に対する条件を正確に定めてから議論することが必要である．たとえば，生物は年を取るが若返らないし，死んだら生き返らないなども不可逆変化であると思われるが，熱力学で取り扱う対象からは外れてしまう．まず，生物が年を取った状態や若い状態，死んでいる状態，生きている状態などは，その瞬間の観測のみから定めることができない上に，許される操作や条件を限定することがむずかしいため，今のところ物理学として取り扱うことができない．本書では，ある断熱変化によって系が始状態から終状態になったとき，逆に終状態から始状態に断熱変化で戻すことが不可能な変化を不可逆変化あるいは不可逆過程とよんでその性質を詳しく調べることにする．断熱過程に限定すると，その熱力学系の始めの状態と終わりの状態だけから可逆過程であるか，それとも不可逆過程であるかが原理的に判定可能である．一方，断熱過程以外の過程では，系の始めと終わりの状態だけから，その過程が可逆であるか不可逆であるか判定することはできない．そのため，本書では可逆・不可逆という用語を断熱過程に対してのみ使用することにする．

熱力学は，産業革命で生まれ発展した蒸気機関などの熱機関から得られた膨大な実験結果を論理的に整理して構築された．熱機関は，燃料を燃やして得られる熱によってピストン・シリンダーなどに閉じ込めた作業物質である水蒸気などを膨張させ，ピストンを通じて力学的仕事を得て，乗り物を動かしたりする機関である．これらの熱機関は，蒸気機関やガソリンエンジン，ディーゼルエンジンなどのように，燃料が続く限り連続運転して常に力学的仕事を得ることが可能である．熱機関が生まれた産業革命当時から，燃料を使わず環境に存在する内部エネルギーから力学的仕事を取り出すことのできる永久機関が多くの人によって考案され，その可能性が検討された．後で述べるように Carnot（カルノー）にはじまる熱力学では，作業物質が外に行う力学的仕事と吸収する熱の比である理想化された熱機関の効率（4 章参照）について考察され，効率には限界があることが明らかになった．Carnot の論文は後に多くの物理学者によって検討され，いろいろな経験事実に基づく様々な熱力学法則の論理的な同等性が明らかにされた．熱力学が確立すると，永久機関の不可能性が原理として認められた．これは熱力学第 2 法則の一つの表現である Kelvin（ケルビン）の原理としても知られている．この熱力学第 2 法則は，物質がある与えられた条件のもとに状態変化をするときの変化の可能性および不可能性を定めている．

熱力学の対象は気体や液体だけでなく，固体，磁性体などを含む一般の巨視的物体であるが，本書では対象を気体と液体などの流体として解説する．ひとたび熱力学を流体について理解すれば，その概念の理解を一般の場合に適用できる．熱力学においては力学の基礎知識を仮定する．たとえば，流体の圧力や流体が閉じ込められている容器を通じて外に行う力学的な仕事などは，力学で定義されている力で定義される．熱や力学的仕事は力学で定義されるエネルギーや仕事と同じ単位で表される．本書は SI 単位（フランス語 "Système International d'unités"日本語訳「国際単位系」）に基づいた解説を行うが，場合によって補助的な CGS 単位系（cm，g，s に基づく単位系）も用いる．

容器に閉じ込められた気体や液体など，および，それに結合している容器を含む力学的装置など研究する対象となるものを系とよぶ．本書では，系は容器に閉じ込められた流体とその流体に接触している容器などの力学的装置からなっている全体を示す．ここで容器などの力学的装置は力学で取り扱うことができる．

1.2 幾何学および力学から定まる熱力学量

はじめに，容器の幾何学的形状や力学などから定義される熱力学量について述べる．

1.2.1 体積

これから考察する系は主に気体または液体などの流体なので，これらを閉じ込めておく容器が必要となる．ある容器に閉じ込められた流体の体積 V [m^3] は閉じ込める容器の容積と一致していて，それをもって流体の体積を測定することができる．系の体積は熱力学の物理量であり，系の状態を表す基本状態量の一つである．熱力学では蒸気機関やガソリンエンジンなどの熱機関なども想定しているため，容器はたとえばピストンとシリンダーからなり容器の容積は自由に変化させることが可能である．SI 単位と CGS 単位系で，体積は $1\ \mathrm{m}^3 = 10^6\ \mathrm{cm}^3$ である．

1.2.2 圧力

圧力は力学的に定義される物理量であり，熱力学系の状態を表す基本状態量の一つである．流体の圧力は閉じ込めた容器の壁の単位面積に流体が作用する

力として力学的に定義される．圧力の SI 単位は Pa（パスカル）で

$$1\ \mathrm{Pa} = 1\ \mathrm{N/m^2} = 1\ \mathrm{kg\ m^{-1}s^{-2}}.$$

である．CGS 単位系で表すと

$$1\ \mathrm{Pa} = 10\ \mathrm{dyn/cm^2} = 10\ \mathrm{g\ cm^{-1}s^{-2}}.$$

気圧という圧力の単位も使われることがある．1 気圧（標準大気圧）は 1013.25 hPa と定義されている．ただし，$1\ \mathrm{hPa} = 10^2\ \mathrm{Pa}$ である．この単位 hPa（ヘクトパスカル）は気象学の分野でよく用いられる．

1.2.3　力学的仕事

力学的仕事は力学において定義される．簡単のため，1 次元空間の位置における物体の運動について述べる．ある物体の位置を x とし，力 $F(x)$ がその位置の物体に作用し，$x = a$ から $x = b$ への変位を引き起したとき，この力が物体に行った力学的な仕事は

$$\int_a^b F(x)dx$$

である．力学的な仕事の SI 単位は J（ジュール），CGS 単位系では erg（エルグ）であり，

$$1\ \mathrm{J} = 1\ \mathrm{Nm} = 1\ \mathrm{kg\ m^2/s^2} = 10^7\ \mathrm{erg} = 10^7\ \mathrm{dyn\ cm} = 10^7\ \mathrm{g\ cm^2/s^2},$$

と換算される．流体を閉じ込めている容積の変化する容器は力学的装置である．流体が容器に対して行う力学的仕事は，容器が受け取った力学的な仕事として定義する．シリンダーとピストンからなる流体の容器は容積が変化できる容器であり，典型的な熱機関の力学的装置としてよく考察される．このとき，流体は容器を通じて外と力学的な仕事としてエネルギーをやり取りする．エネルギーと力学的仕事は同じ単位で表される．熱機関は，加熱された流体が行う力学的な仕事を外に取り出す機関である．

1.3　熱力学に特有な熱力学量

1.3.1　熱

本書では熱というエネルギーの移動を素朴に定義する．流体は力学的装置であるピストン・シリンダーなどの容器に閉じ込められているため，流体の行う力学的仕事は，力学的装置が受け取る力学的仕事として力学によって定義される．考えている流体が力学的仕事以外のエネルギーを受け取るとき，それを熱とよぶ．熱はエネルギーであるからその SI 単位は J（ジュール），CGS 単位系では erg（エルグ）である．

注意　熱の単位として栄養学などでは cal（カロリー）が今だに使われているが，物理学では cal は使わない．もともと，1 cal は，1 気圧のもとで液体の水 1 g の温度を 1 K 上昇させるのに必要な熱として定義されたが，この熱は温度によって異なるため，使用する分野によっていろいろな定義が存在し，それらの値を J で表すと微妙に異なっている．

1.3.2　物質量

現在の SI 単位において，Avogadro（アボガドロ）定数は $N_{\mathrm{A}} = 6.02214076 \times 10^{23}\ \mathrm{mol}^{-1}$ と定義されている．この数値は精度無限大の数値であるから，9 桁の数字の後に 0 が無限に続くと考えなければならない．以前は Avogadro 定数は測定によって定めるべき定数であったが，現在の SI 単位においては，この数値で定義され，測定すべき値ではない．N_{A} 個の同一の分子からなる流体の物質量を 1 mol であると定義する．物質量は熱力学特有の物理量であり，熱力学系の状態を表す基本状態量の一つである．流体が単一の元素でできている場合に，流体の種類と物質量を定めると，その流体の質量は決定される．分子量 M の分子からなる物質量 n [mol] の流体の質量は Mn[g] である．

1.4　温度

温度は熱力学特有の物理量であり，熱力学系の状態を表す基本状態量の一つである．2 つ以上の系からなる複合系全体を研究対象とすることもできる．たとえば部屋の中の空気からなる系とその部屋におかれたコップの中の水も一つの系とみなすことができる．この複合系も始めのうちは熱交換をしているが時間が経つと熱交換がなくなり平衡状態になる．このとき，水と空気は平衡状態にあるという．

温度測定は温度計によって行われるが，温度計も熱力学系である．注目している系と温度計を平衡状態にすることによって，系の温度を測定できる．3つの系A，B，Cを考える．系Aと系Bが平衡状態にあり，系Bと系Cが平衡状態にあるとき，系Aと系Cも平衡状態にある．この経験的な法則は熱力学第0法則とよばれることがある．2つ以上の系が平衡状態にあるとき，それらすべての系の温度は等しい．

系の温度は温度計で測定され，温度計ごとに温度目盛りが定義される．現在，手に入る温度計の目盛りは，精度が良いかどうかは別として絶対温度から定義される温度目盛りに統一されている．本書では，始めからSI単位で定められている絶対温度の単位K（ケルビン）を温度の単位とする．絶対温度をT [K] とすると，その値は$T \geq 0$を満たす実数である．絶対温度は後で導入される（理想気体温度）=（熱力学的温度）に一致する．もし，理想気体があらゆる温度で実在すれば，理想気体を温度計として用いて絶対温度Tを測定することができる．測定可能な温度領域は限られるが，実在気体を用いてより良い精度の理想気体温度計を作成する原理については，1.9節および第6章で述べる．残念ながら，極低温に使用できる理想気体温度計を作成することは不可能であり，実際には各温度領域に適した温度計が開発されている．このような温度測定のために適した物性を示す作業物質を探索するためにも，測定の原理は量子力学や統計力学における普遍的な法則や理論に依存している．以前は，水の3重点273.16K（圧力6.112×10^2 Pa）を基準点として絶対温度が定義されていたが，現在では，Boltzmann（ボルツマン）定数を精度無限大で$k = 1.380649 \times 10^{-23}$ J/Kと定義し，1 Kは1.380649×10^{-23}Jに相当する温度と定義されている．以前は，Boltzmann定数は測定対象であったが，現在はその数値を確定させていて測定の対象ではない．これによって熱力学的温度の単位Kは定義されている．

水の3重点は，固体，液体，気体が共存するただ1つの点である．摂氏温度は1気圧の水の凝固点を0℃，沸点を100℃としている．圧力を1気圧（約10^5 Pa）としたため，0℃は273.15 Kとなり，水の3重点（273.16 K，圧力約600 Pa）の温度からは0.01Kだけ値がずれている．このように，圧力の大きさが 2 桁以上変わっても水の凝固点が 0.004 % ($\sim 0.01/273$) しか変わらないことや，水は圧力をかけると凍りにくくなるという，他の物質とは異なった珍しい物性を示すことは興味深い．なお，これ以後，何も断らなければ，物理量の単位には SI 単位を用いる．

1.5　環境

熱力学において，系の熱力学的状態は平衡状態でのみ定義される．平衡状態とは何かを説明するために，系のおかれる一定に固定された環境について解説する．たとえば一定の温度（室温），一定の大気圧のもとで，熱力学系である室温より低い温度の水をコップに入れて十分な時間放置すると，冷たかった水は室温と同じ温度になる．これは一定の大気圧と一定の室温という固定された環境の中で十分な時間放置された水が，部屋の中の空気と平衡状態になったという．一般に熱力学系は固定された環境のもとで十分な時間放置されると周りの環境と平衡状態になる．本書では，環境を力学的環境と熱的環境に分類し，それぞれを一定とする環境の固定を，次のように単純な 2 通りの場合に限定して議論を行う（図 1.1）．

● 力学的環境

力学的環境を一定にするには次のどちらか一方を採用する．

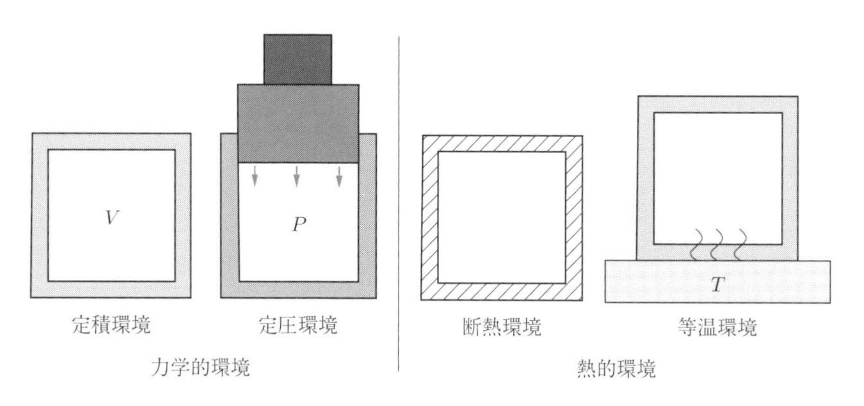

図 1.1　固定された環境

定積環境

流体を閉じ込める容器の容積が常に一定に保たれるとき，その流体は定積環境にあるという．定積環境は閉じ込め容器の容積 V [m^3] によって定められる．

定圧環境

流体を閉じ込める容器の圧力が常に一定に保たれるとき，その流体は定圧環境にあるという．定圧環境は閉じ込め圧力 P [Pa] によって定められる．

● 熱的環境

熱的環境を一定にするには次のどちらか一方を採用する．

断熱環境

流体を閉じ込める容器が熱を通さない理想的な材質でできていて，外との熱のやり取りがいっさいないとき，その流体は断熱環境にあるという．

等温環境

流体がある一定の絶対温度に保たれる1つの熱源のみと接触しているとき，その流体は等温環境にあるという．等温環境は熱源の任意の値に固定された絶対温度 T [K] によって定められる．

理想的に一定な環境は，実際に精密には実現できないことに注意しよう．たとえば，実際にはいくら優良な断熱材を用いても，熱を完全に遮断する理想的な断熱環境を構築することはできない．このような理想化は物理学を含む科学全般で，理論の基礎づけのためによく行われる．たとえば Galilei（ガリレイ）や Newton（ニュートン）は落体を含む力学系を観測した事実から力学の基礎を構築したが，それは空気抵抗を無視するという理想化によって達成された．始めから現実を見すぎてしまって，雨粒や落ち葉をも鉄球などと一緒に落体として観察し，すべての落体が従う力学の普遍的な法則を構築しようとしても不可能である．空気抵抗や摩擦の影響を少しずつ少なくして理想的な環境に漸近させる過程を観察し，最終的にそれらを無視するという理想化の作業が，物理学や科学の基礎の構築にとって必要である．力学の基礎ができれば，雨粒の運動の予測も可能となる．これ以降もしばしば議論されるように，熱力学でも理想気体に代表されるような理想化は，作業物質の詳細によらない普遍的な法則を確立する上で重要である．

1.6 平衡状態

流体を容器に閉じ込め，一定の力学的環境および熱的環境のもとに置き，外から何もせずに放置すると系は巨視的に変化しなくなる．この状態を平衡状態とよぶ．すなわち流体を単一の容器に閉じ込め，定積環境または定圧環境，かつ，断熱環境または等温環境において十分な時間放置することにより平衡状態が達成できる．流体の基本状態量である圧力，絶対温度，体積などの熱力学的な状態量は，平衡状態にある流体に対してのみ定義される．

環境を一定に保っても，ある瞬間に流体が平衡状態にあるとは限らないことに注意せよ．たとえば，ある定圧環境にあった流体を一定の他の圧力の定圧環境においたとき，その瞬間からしばらくは流体は環境と平衡状態とはならず環境と同じ圧力となってはいない．このように，環境を変えてしばらく，環境と平衡状態になってはいない系は非平衡状態にあるという．同様に，流体を等温環境においたとしても，流体が変化の途中でその温度をもつとは限らない．環境を一定に保って十分な時間放置した後に，平衡状態が達成された流体に対してのみ，熱力学的状態量が定義され測定可能となり，その一定な環境が設定した値に一致するのである．これらの環境のうちいずれかを変化させることにより，流体は平衡状態を保てず変化を始める．そのような環境変化をさせることを操作とよび，これについて解説する．

1.7 操作

現在，完全に確立されている熱力学は始状態と終状態が平衡状態に限られる平衡熱力学である．ある環境で系が平衡状態にあり，この状態を始状態とする．系の環境を変化させるとそれに応じて系は平衡状態を保てなくなり，変化を始める．最終的には別の環境に固定し，放置するとやがて系はその環境のもとで平衡状態となる．この状態が終状態である．一般に，変化の途中で系は平衡状態にあるわけではない．熱力学は，始状態と変化させた環境の情報および終状態の関係を明らかにする学問である．平衡状態にある流体の環境を変化させ，他の環境に固定することを操作とよぶ．ある操作によって，平衡状態である始状態から別の平衡状態である終状態への状態変化を熱力学では過程とよぶ．熱力学においては，操作を限定して流体の変化を議論する．ここでは，始状態か

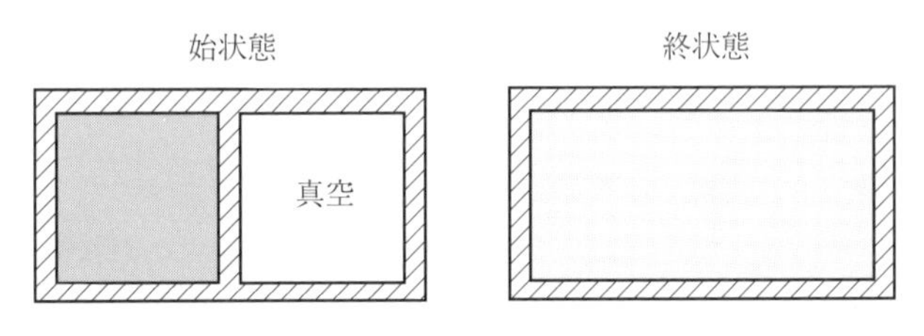

図 1.2　仕切り壁の取り去りによる急激な定積環境の変更

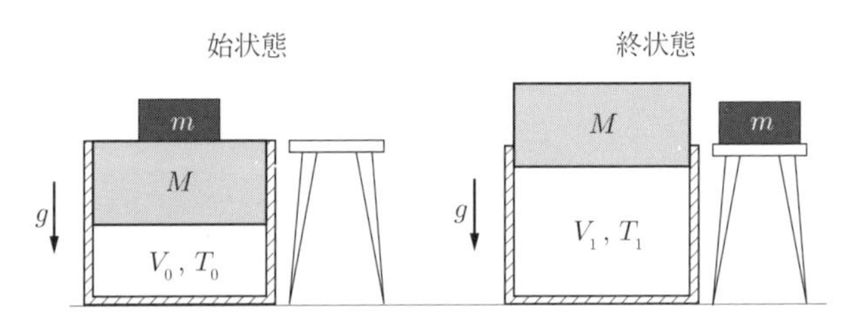

図 1.3　重りの取り去りによる急激な定圧環境の変更

ら終状態に変化する間に流体に行う操作を，平衡熱力学が厳密に適用できるようなものに限定しておくことにする．本書では次のような操作を考える．

力学的操作

定積環境または定圧環境を変化させる（仕切り壁を挿入または除去して容器の容積，つまり流体の体積を変化させたり（図 1.2），重りを使ってピストンなどを動かして流体の圧力を変化させたりする（図 1.3））．

熱的操作

断熱環境または等温環境を変化させる（断熱的な仕切り壁を透過壁に差し替えたり（図 1.4），他の温度の熱源に流体を接触させたりする（図 1.5））．

流体に操作を行った後は，環境を再び一定に保ち平衡状態になるまで十分な時間そのまま放置することとする．このような場合には，1つの始状態と1つの操作を定めれば原理的には終状態が一意的に定まる．熱力学が確立すると，力学的装置を含んだ系の定まったある始状態とある操作を定めた場合に，系の終状態を予測することができる．力学は，力学的状態の初期条件と運動方程式から t 秒後の力学的状態を予測する学問である．熱力学における「始状態」は力学における「初期条件」，「操作」は「運動方程式」，「終状態」は「t 秒後の

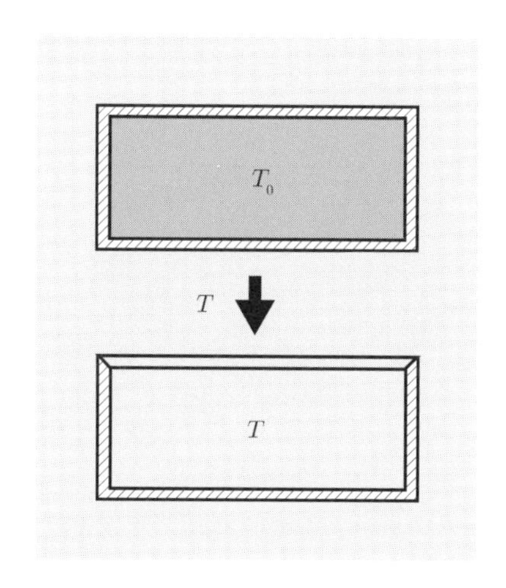

図 1.4 断熱環境から等温環境への変更．断熱的な仕切りの一部を透過壁に差し替えた場合．

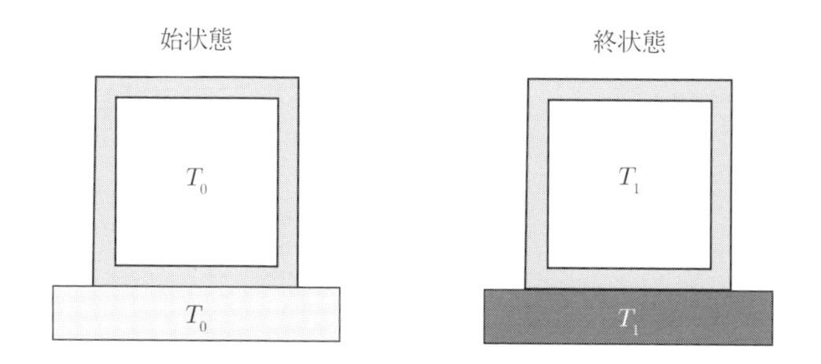

図 1.5 温度の異なる等温環境への変更

力学的状態」に対応していると考えてもよい．基本的には物理学の他の分野である力学，量子力学，電磁気学においては系の状態を完全に記述し，初期状態から t 秒後の未来の状態を予測することが可能であるが，熱力学にも同様にそれが当てはまる．その一方で，熱力学では力学，量子力学，電磁気学と異なり，理論に時間 t という変数がないので，操作後，十分な時間が，理想的には無限に時間が経過した後の平衡状態が予測される．つまり，熱力学では操作を行う速さに応じた定量的な予測はできず，無限に長い時間をかけて行う準静的過程か，または無限に短い時間で瞬時に行う環境変化に対してのみ，定量的な予測が可能となる．そうでない一般の操作に対しては不等式による半定量的な制限が熱力学によって与えられる．その間の状態変化に対しては，環境変化を何回かに小さく分割し，それを瞬時に行い十分な時間待つことを繰り返すことで近似的な予測をすることは可能である．

1.8　示量変数と示強変数

ある熱力学系 A とまったく同じ状態にある熱力学系 B を考える．その 2 つの系を合体させて 1 つの系を作った系 C を考える（図 1.6）．このとき C で得られる熱力学量の結果から熱力学量を次の 2 つに分類する．

示量変数

C の熱力学量がいつも A の熱力学量の 2 倍になる変数を示量変数という．たとえば，物質量，体積，内部エネルギー，エントロピーなどは示量変数である．

示強変数

C の熱力学量が A のものと変わらない変数を示強変数という．絶対温度，圧力，内部エネルギー密度などは示強変数である．熱力学の変数は示量変数または示強変数のどちらかである．

注意　同じ系を 2 つ合わせることを一般化して，すべての示量変数が c (> 0) 倍になるような複合系を考えることができる．

注意　熱力学量は示量変数と示強変数の 2 つのみに分類される．

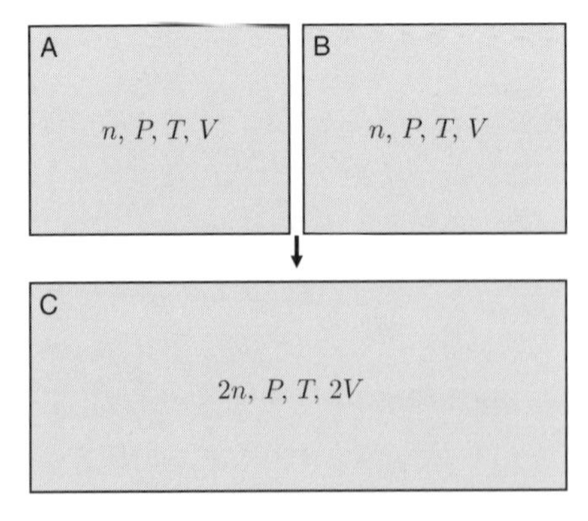

図 1.6　系 A とそのコピーの系 B を合体させ系 C を構築する

1.9　熱力学的状態と状態方程式

物質量 n [mol] が一定であり，混合物でない純粋な物質からなる流体に対して，圧力 P，体積 V，絶対温度 T から定まる (n, P, T, V) を熱力学的状態とよぶ．またこれら 4 変数の間には状態方程式とよばれる関係式がそれぞれの物質ごとに成り立つ．この状態方程式の存在により，n，P，V，T のうち 3 つが定まると，残りの 1 つは一意的に定まる．このことから，流体の熱力学的状態は物質量 n が一定であれば，圧力 P，体積 V，温度 T のうち 2 つの変数を定めれば決定される．また，後で導入される熱力学的状態をあらわす関数も，いくつかの変数のうち 2 つを定めれば決定される．

状態方程式は実験によって導出されるが，多粒子系の力学と統計理論から導くことも原理的に可能である．このような理論は統計力学といい本書では扱わないが，統計力学を学習するためには本書のような初歩的な熱力学を習得していることが必要である．状態方程式があると圧力は物質量 n，体積 V，温度 T の関数 $P(n, T, V)$ で表される．このときすべての示量変数が $a\ (>0)$ 倍になるような複合系を考えるとき，示強変数 P，T は変わらないことに注意すると，

$$P(an, T, aV) = P(n, T, V)$$

である．この等式はどんな $a > 0$ に対しても成り立つので，$a = V^{-1}$ を代入しても成り立つ．よって

$$P(n, T, V) = P(n/V, T, 1),$$

となり，圧力は n/V と T のみの関数であることがわかる．

● 例，理想気体の状態方程式

水素 (H_2)，ヘリウム (He)，窒素 (N_2)，酸素 (O_2) など，一般の実在する気体の状態方程式は希薄な場合には近似的に理想気体の状態方程式となる．物質量 n [mol] の理想気体の状態方程式は次で与えられる（図 1.7）．

$$PV = nRT. \tag{1.1}$$

ただし，気体定数 R は Avogadro 数 $N_\mathrm{A} = 6.02214076 \times 10^{23}$ と Boltzmann 定数 $k = 1.380649 \times 10^{-23}$ J/K の積 $R = N_\mathrm{A} k$ [J/(K mol)] により無限大

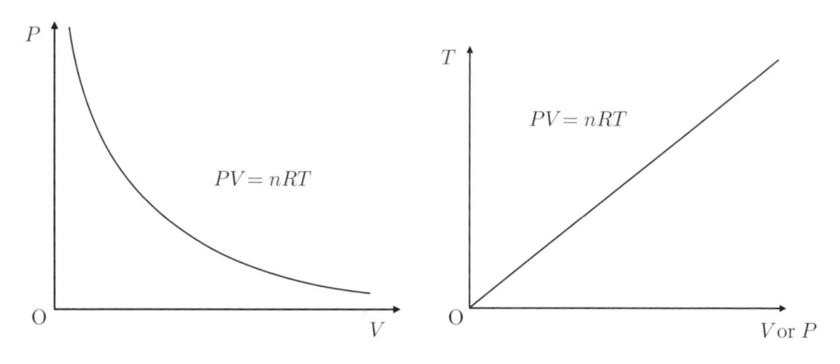

図 1.7　理想気体の圧力 P，絶対温度 T と体積 V の関係．左図は $T=$ 一定，右図は P or $V=$ 一定とした．

精度で定義される．その値は

$$
\begin{aligned}
R &= 6.02214076 \times 10^{23}\mathrm{mol}^{-1} \times 1.380649 \times 10^{-23}\mathrm{J/K} \\
&= 8.31446261815324\ \mathrm{JK}^{-1}\mathrm{mol}^{-1} \qquad (1.2)
\end{aligned}
$$

この値は 0 でない 15 桁の数値で与えられているが，精度は無限大なので 15 桁の数字の後に 0 が無限に続くと考えなければならない．以後，近似値 $R \sim 8.31$ J/(K mol) を用いることが多い．

理想気体が実在するとして，理想気体を温度計として使用することを考える．温度を測りたい物体と理想気体を一定の環境下で平衡状態にし，理想気体の圧力 P [Pa]，体積 V [m^3]，物質量 n [mol] を測定すれば $T = PV/(nR)$ [K] でその物体の温度を定められる．これは理想気体を温度計にできることを示す．しかし，理想気体は実際には存在しないので実在気体から理想気体温度計を作成するためには，実在気体がどのように理想気体に漸近するかを考えなければならない．あらゆる気体は希薄ならば，近似的に理想気体の状態方程式を満たすが，その漸近形は次のようなビリアル展開

$$
PV = nRT\left[1 + b_2(T)\frac{n}{V} + b_3(T)\left(\frac{n}{V}\right)^2 + \cdots\right],
$$

で表される．ただし，$b_k(T)$ はその気体によって定まる温度の関数で，第 k-ビリアル係数とよばれる．ビリアル展開による状態方程式は希薄な極限で理想気体に一致する．次の関係に注意せよ．

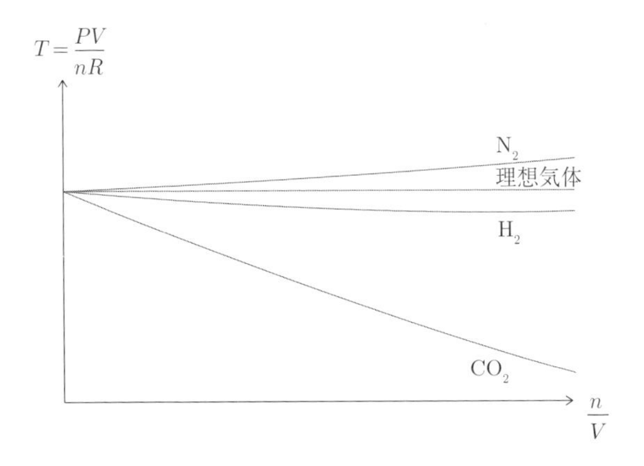

図 1.8　温度一定での状態変化（上から N_2，理想気体，H_2，CO_2）．温度 $T-\frac{n}{V}$ プロットをすると，気体の種類によらず，$\frac{n}{V}=0$ で温度は 1 点に収束する．

$$\lim_{n/V\to 0}\frac{PV}{nR}=T,$$

右辺は有限に確定しているので，希薄な極限 $n/V\to 0$ では $P\to 0$ であることも注意しよう．この関係から，実在の気体を用いて理想気体温度計を作ることができる（図 1.8）．これについては 6 章実在気体で取り扱う．

● 例，混合理想気体の圧力

物質量 n_1[mol] の酸素気体 O_2 と物質量 n_2[mol] の窒素気体 N_2 が混合した気体が容積 V[m^3] の 1 つの容器の中に閉じ込められ，絶対温度 T [K] で平衡状態にあるとする．それぞれの気体を近似的に理想気体であるとして扱う場合，酸素気体の圧力は

$$P_1=\frac{n_1RT}{V},$$

であり，P_1 は酸素気体の分圧という．

窒素気体の分圧は

$$P_2=\frac{n_2RT}{V},$$

で定まる．それぞれの気体は共通の容器の壁に作用しているので，混合気体はそれらの合力を壁に作用している．したがって混合気体の圧力 P はそれらの和

$$P = P_1 + P_2 = \frac{(n_1 + n_2)RT}{V},$$

で与えられる．混合気体を理想気体として扱ったとき，混合気体の圧力が分圧の和であらわされることを Dalton の法則という．

1.10　状態量

純粋物質からなる流体には状態方程式が存在するため，物質量 n を一定とするとき，圧力 P，体積 V，絶対温度 T の 3 変数のうちの 1 つは他の 2 つの変数の関数となる．これらおよびこれらの関数は状態量とよばれる．したがって状態量は n, V, T から一意的に定まる．ただし，系が 1 次転移線上にある特殊な場合は例外となるので，6 章では常に状態を一意的に指定する状態量について解説する．気体が始状態から終状態まで変化したとき，状態量の変化は始状態と終状態のみで定まることに注意せよ．

1.11　準静的過程と力学的仕事

ピストンとシリンダーからなる容積の変化する容器を考える．ピストンの断面積を A とし，ピストンは 1 次元の運動を行い，容器の容積が $V = Ax$ となるようにピストンの位置座標 x をとる．

もし，この中の気体の圧力が気体の体積のみに依存した関数であり，気体がピストンを圧力 $P(V) = P(Ax)$ で押し，ピストンの $x = x_1$ から $x = x_2$ までの変位を引き起したとき，気体がピストンに行った仕事は $V_1 = Ax_1$，$V_2 = Ax_2$ とおいて，

$$\int_{x_1}^{x_2} P(Ax)Adx = \int_{V_1}^{V_2} P(V)dV,$$

と表すことができる（図 1.9）．一般に容器は力学的装置であるから，ピストンの受け取った仕事を測定することが可能である．一方，気体の状態方程式を用いたこの積分による理論的な予測は，準静的過程とよばれる系が平衡状態を保ちながら無限にゆっくりと変化する過程においてのみ行うことができる．物質量を固定した準静的過程 $(T_1, V_1) \to (T_2, V_2)$ の途中でも圧力や温度が定まり

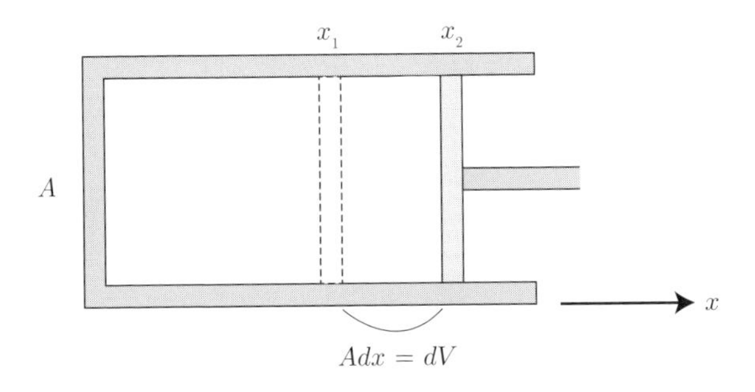

図 1.9　準静的過程での力学的仕事

気体の状態方程式が使えるので，気体の圧力 P が体積，絶対温度 (T, V) の関数となる．このとき，気体のした力学的仕事

$$W = \int_{V_1}^{V_2} P(T, V)dV$$

は T と V の関数関係 $T(V)$ を指定することによって定まる．この積分は関数 $T(V)$ に依存しているために，始状態 (T_1, V_1) と終状態 (T_2, V_2) だけでは定まらないことに注意せよ．このため，以後，状態量でない微小量の表記を，全微分 dW ではなく，$d'W(= PdV)$ と書くことにする．全微分の積分は始状態と終状態のみで定まり，どんな関数 $T(V)$ に対しても同じ値となることに注意せよ．後で定義される内部エネルギー U やエントロピー S などは状態量なので，それらの変化は dU，dS などと表記される．

注意　準静的過程では，途中の任意の状態が平衡状態であるから，熱力学的状態が定義されている．一方，準静的過程でない一般の過程の途中では，熱力学的状態は定義されていないことに注意せよ．先に定義した定積，定圧，等温環境において流体を変化させる場合，準静的過程に限って流体の熱力学的状態が定まった値に保たれている．

注意　平衡熱力学というと，変化の途中でも平衡状態が保たれている準静的過程しか取り扱えないと誤解されやすいが，そうではないことに注意しよう．後で提示する具体的な問題においては，流体の平衡状態を達成している閉じ込め環境の圧力や体積を有限な値だけ瞬時に変えることによって引き起される過程についても平衡熱力学の範囲で取り扱うことになる．平衡熱力学は始状態と終状態が平衡状態でさえあれば，途中が平衡状態でない過程に対しても適

用が可能である．

1.12　比熱と熱容量

単位質量の物質からなる系を加熱し，温度を ΔT [K] だけ上げるために必要な熱を $c\Delta T$ [J] とするとき c [J/(K·kg)] はその物質の比熱とよばれる．また，系が物質量 1 mol の物質からなる場合はその物質のモル比熱とよばれる．比熱は示強変数である．これに対して，一般の質量または物質量をもつ系の温度を ΔT だけ上げるために必要な熱量を $C\Delta T$ とするとき C はその系の熱容量とよばれる．熱容量は示量変数である．ある試料の熱容量は，比熱の基準となる物質に試料を接触させて平衡状態にし，前後の温度を測定することによって定めることができる．具体的には，水を比熱の基準物質とする次の例題を参考にせよ．

例題　絶対温度が 309 K のある金属 0.1 kg を 288 K の水 0.1 kg の中に入れて十分時間が経つと平衡状態となり 289 K になった．液体の水の比熱は温度によらず 4.2 J/(K·g) であり，この金属の比熱も温度によらないとして，この金属の比熱を求めよ．

解答　金属の比熱を c [J/(K·g)] とする．金属が放出した熱は水の吸収した熱に等しいので

$$(309-289)\mathrm{K}\times 0.1\mathrm{kg}\times c\ \mathrm{J/(K\cdot g)} = 0.1\mathrm{kg}\times(289-288)\mathrm{K}\times 4.2\mathrm{J/(K\cdot g)}$$

これより，$c = 2.1\times 10^{-1}$ J/(K·g) と求まる．

注意　比熱や熱容量は負にならない量である $(c, C \geq 0)$．物質の比熱や熱容量は系の体積を一定にするか，圧力一定にするかの条件によって値が異なるため，体積一定での比熱や熱容量を定積比熱または定積熱容量，圧力一定での比熱や熱容量を定圧比熱または定圧熱容量とよんで区別している．気体では定積比熱と定圧比熱は大きく異なるが，液体や固体ではあまり大きく異なることはない．

1 章の問題

問 1.1　1 気圧を SI 単位と CGS 単位系で表せ.

問 1.2　水銀の密度は 13.6 g/cm^3, 重力加速度は 9.8 m/s^2 であるとして, 大気圧による水銀柱の高さが 76 cm であることを説明せよ.

問 1.3　熱 1 cal が 4.2 J であるとして, 1 cal を SI 単位と CGS 単位系で表せ. これは近似値であることに注意せよ. また, 重力加速度が 9.8 m/s^2 で一定であるとして, 体重 50 kg の成人の位置エネルギーが 1 kcal のとき, その成人のいる地上からの高さを求めよ.

問 1.4　水 H_2O の分子量を答え, 水 1 mol の質量を求めよ.

問 1.5　0 K の温度は絶対零度とよばれる. 絶対零度を摂氏温度で表せ.

問 1.6　ある物質 n [mol] からなる系の体積を V とする. 物質量密度 n/V は示強変数であることを説明せよ.

問 1.7　理想気体の V/n を横軸に P を縦軸にとって $RT = 0.5$, 1, 2 に対してグラフを描け. また, 横軸に n/V をとって P のグラフを描け.

問 1.8　絶対温度 273.15 K (0 ℃), 圧力 1.00×10^5 Pa の条件で, 理想気体 1 mol の体積は 22.7 L となることを示せ. この条件の物質は標準状態にあるといわれる.

問 1.9　ピストンとシリンダーからなる容積の変化する容器に理想気体 1 mol が閉じ込められている. 以下の条件のもとに絶対温度と体積が (T_0, V_0) から $(2T_0, 2V_0)$ に準静的に膨張したとき, 次の問いに答えよ.

(1) この気体の絶対温度 T_0 を一定に保って V_0 から $2V_0$ に膨張し, その後体積を一定に保ってこの気体を加熱し, この気体の絶対温度が $2T_0$ になった場合, 気体がピストンにした力学的仕事を求めよ.

(2) この気体の体積 V_0 を一定に保って T_0 から $2T_0$ に加熱し, その後温度を一定に保ってこの気体を膨張させ, 体積が $2V_0$ になった場合, 気体がピストンにした力学的仕事を求めよ.

(3) 気体の絶対温度が体積の 1 次関数であるとして膨張した場合, 気体がピストンにした力学的仕事を求めよ.

問 1.10 水の比熱を 4.20 J/(K·g)，アルミニウムの比熱を 8.80×10^{-1} J/(K·g) とする．質量 200 g，絶対温度 353 K の水に質量 100 g，絶対温度 293 K のアルミニウムを入れ平衡状態になったときの両者の絶対温度を答えよ．

第2章

熱力学第1法則

以後，何も断らなければ，物理量の単位はSI単位とし，すべての物理量は無次元量として扱う．

2.1 熱と力学的仕事の変換

力学的仕事も熱もエネルギーの単位で表されることをすでに述べた．熱が力学的仕事に変わることも，その逆も起りうる．後で議論する蒸気機関や内燃機関（ガソリンエンジンやディーゼルエンジン）などの熱機関はこの現象を利用し，燃料を燃やして得られる熱から力学的仕事を得ている．ここでは，力学的仕事と熱と内部エネルギーの間に成り立つ保存法則および，内部エネルギーが状態量であることを主張する熱力学第1法則について解説する．この章では考えている気体の物質量は変化しない過程のみを考える．そのため，状態量をあらわす関数では，物質量 n [mol] の表示を省略する場合がある．

2.2 熱力学第1法則

● 熱力学第1法則

平衡熱力学系には内部エネルギーとよばれる示量的状態量 $U(T,V)$ がただ1つ存在し，ある状態変化 $(T_2,V_2) \to (T_1,V_1)$ によって系に移動したエネルギーはその変化 $U(T_2,V_2) - U(T_1,V_1)$ で表される．

1.3.1 で与えた熱の定義より，系に移動したエネルギーは系が行った力学的仕事 W と系の吸収した熱 Q を用いて

$$U(T_2, V_2) - U(T_1, V_1) = Q - W, \tag{2.1}$$

と表される．これを熱力学第 1 法則という．この法則は，系の受け取ったエネルギーと内部エネルギーの間の保存法則および，内部エネルギーが状態量であることを主張している（1.10 節参照）．

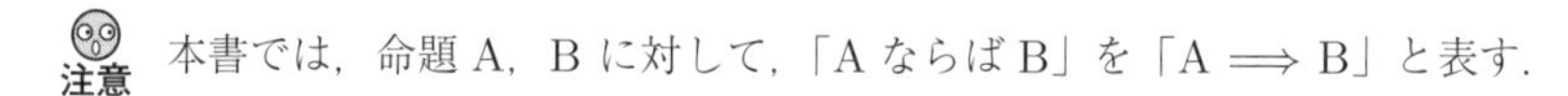

過程 $(T_2, V_2) \to (T_1, V_1)$ で系が行った力学的仕事 W と系の吸収した熱 Q
$\Longrightarrow$　系の内部エネルギーの変化 $U(T_2, V_2) - U(T_1, V_1) = Q - W$

注意　本書では，命題 A，B に対して，「A ならば B」を「A $\Longrightarrow$ B」と表す．

● 積分形

準静的過程に対しては，気体の圧力 $P(T, V)$ が状態の関数として表せるので，気体の絶対温度を気体の体積 V の関数 $T(V)$ として与えたとき，熱力学第 1 法則を次のように表すことができる．

$$Q = U(T_2, V_2) - U(T_1, V_1) + \int_{V_1}^{V_2} P(T(V), V)dV. \tag{2.2}$$

系の吸収した熱 Q も，系の行った力学的仕事 W も関数 $T(V)$ に依存するにも関わらず，その差 $Q - W$ は どんな $T(V)$ に対しても，始めと終わりの状態 (T_1, V_1)，(T_2, V_2) のみで定まることに注意せよ．

● 微分形

無限小の準静的過程 $(T, V) \to (T + dT, V + dV)$ で系の吸収した熱は次のように表される．

$$dU + PdV.$$

これを dQ と書いてはいけない．dQ と書くと Q が (T, V) の関数であることを意味するが，そのような関数は存在しない．多変数関数 $f(x, y)$ に対する数学記号 df は関数 f に対する全微分とよばれ

$$df = \frac{\partial f}{\partial x}dx + \frac{\partial f}{\partial y}dy,$$

を表す．全微分 f の積分は

$$\int_{(x_1,y_1)}^{(x_2,y_2)} df = f(x_2,y_2) - f(x_1,y_1),$$

となり，途中の経路を指定する関数 $y(x)$ によらず，始めと終わりの点 (x_1,y_1), (x_2,y_2) のみによって定まる．重力やクーロン力のようなポテンシャル力の行う力学的仕事はポテンシャルの全微分の積分で表され，始めと終わりの点のみによって定まるが，ポテンシャル力でない力や，熱力学における力学的仕事や熱は，熱力学的状態の変化の仕方を定めなければ定まらない．ある 1 次微分形式 $g(x,y)dx + h(x,y)dy$ がある関数 $f(x,y)$ の全微分 df であるときは

$$\frac{\partial g}{\partial y} = \frac{\partial^2 f}{\partial y \partial x} = \frac{\partial^2 f}{\partial x \partial y} = \frac{\partial h}{\partial x}$$

を満たさなければならない．熱 $dU + PdV$ はこれを満たさない．このため dQ と区別するために $d'Q(= dU + PdV)$ などと書くことがある．一方，内部エネルギー $U(T,V)$ は (T,V) の関数であり，その全微分は $dU = \frac{\partial U}{\partial V}dV + \frac{\partial U}{\partial T}dT$ と書くことができるので，内部エネルギーの変化は次のように表される．

$$U(T_2,V_2) - U(T_1,V_1) = \int_{(T_1,V_1)}^{(T_2,V_2)} dU \tag{2.3}$$

$$= \int_{(T_1,V_1)}^{(T_2,V_2)} \left(\frac{\partial U}{\partial V}dV + \frac{\partial U}{\partial T}dT\right) \tag{2.4}$$

$$= \int_{T_1}^{T_2} \left(\frac{\partial U}{\partial V}\frac{dV}{dT} + \frac{\partial U}{\partial T}\right) dT \tag{2.5}$$

$$= \int_{V_1}^{V_2} \left(\frac{\partial U}{\partial V} + \frac{\partial U}{\partial T}\frac{dT}{dV}\right) dV. \tag{2.6}$$

図 2.1 に表されているように，経路 $V(T)$ または $T(V)$ をどのように定めても $U(T,V)$ の変化は同じになる．

2.3 内部エネルギー $U(T,V)$ の決定

系の熱容量の測定および自由膨張の実験から内部エネルギー $U(T,V)$ を体積 V と絶対温度 T の関数として決定することができる．

2.3.1 体積一定での内部エネルギーと温度の関係

系の体積を一定に保って温度を変化させるとき，系に力学的仕事の出入りは

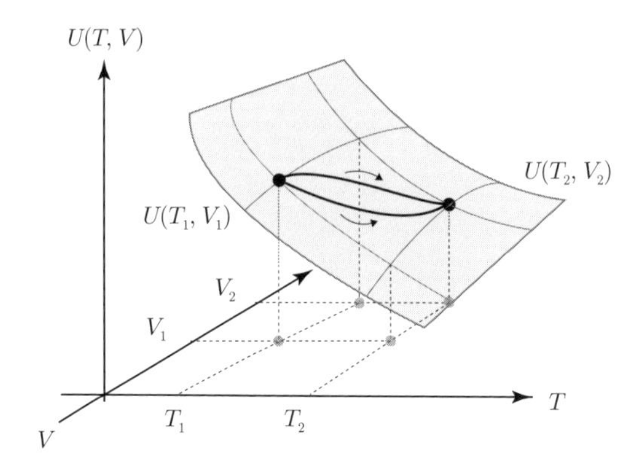

図 2.1　内部エネルギー $U(T,V)$ の変化 $U(T_2,V_2)-U(T_1,V_1)$ は $V(T_1)=V_1$, $V(T_2)=V_2$ となるどのような経路 $V(T)$ に対しても同じ値である.

ない. 系の定積熱容量 $C_V(T,V)$ は

$$C_V(T,V)=\left(\frac{\partial U}{\partial T}\right)_V.$$

ただし, T についての偏微分を括弧で囲み添字 V を付けたときは, V を一定にして T で偏微分することを表すことにする. これを測定すると, 熱力学第1法則によって内部エネルギーの変化は系が吸収した熱で

$$U(T_2,V)-U(T_1,V)=\int_{T_1}^{T_2}C_V(T,V)dT,$$

と表される. これにより一定な各体積 V で温度依存性を決定できる.

注意　熱容量は常に負にならないので, 体積一定ならば内部エネルギーは温度の単調増加関数である. これにより, 温度と体積 (T,V) によって表される系の状態を内部エネルギーと体積 (U,V) で表すこともできる.

2.3.2　断熱環境での体積と内部エネルギーの関係

準静的な断熱膨張過程 $(T_1,V_1)\to(T_2,V_2)$ において, 次のように内部エネルギーの変化は式 (2.2) と $Q=0$ より, 気体のした力学的仕事で表される.

$$U(T_2,V_2)-U(T_1,V_1)=-\int_{V_1}^{V_2}dV P(V,T(V)).$$

ただし, $T(V)$ は準静的断熱曲線であり, この右辺は準静的断熱変化において圧

力と体積の測定から定めることができる量である．よって，定積熱容量から定めた内部エネルギーの絶対温度依存性と合わせると，内部エネルギー $U(T,V)$ が決定できる．具体的には，以下の 2.3.3 の例題，および 2 章の問題 2.2 で単原子分子理想気体について実際に内部エネルギーの表式を求める．

2.3.3 内部エネルギー一定での体積と温度の関係 [1]

系を断熱壁でできた容器に閉じ込め，温度と体積 (T_1,V_1) を測定する．図 2.2 のように仕切りの断熱壁を取り除くことによって真空の空間に気体を断熱的に自由膨張させ，系の終状態 (T_2,V_2) を測定する．

このように仕切りを外して気体が自由に膨張する断熱過程では，気体の行う力学的仕事を外に取り出すことはできないため，内部エネルギーは一定となる．気体の膨張過程で気体に力学的仕事をさせるためにはピストン・シリンダーなどの容器に閉じ込めて，ピストンを通じて外部の力学的装置が仕事を受け取ることが必要である．断熱自由膨張では仕事と熱の出入りがないので熱力学第 1 法則によって内部エネルギーは変化しない．

$$U(T_1,V_1)=U(T_2,V_2).$$

色々な初期状態で実験を繰り返すことにより，内部エネルギーの各一定値での体積と温度の関係がわかり，これと定積熱容量の測定結果を合わせて $U(T,V)$ を決定できる．

U を一定にする変化 $(T,V)\to(T+dT,V+dV)$ がわかるので

$$\left(\frac{\partial U}{\partial T}\right)_V dT+\left(\frac{\partial U}{\partial V}\right)_T dV=dU=0.$$

両辺を dV で割ると，

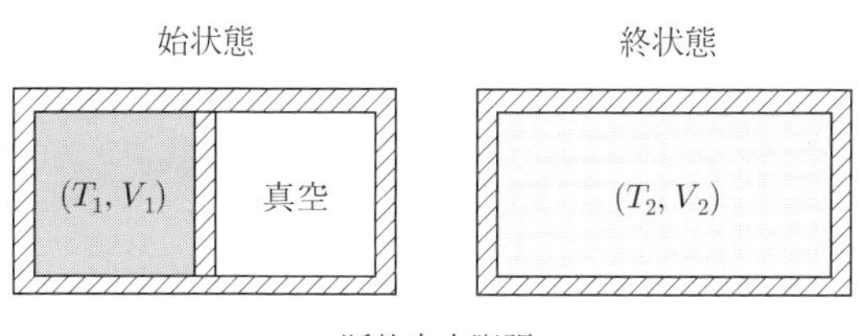

図 2.2　熱と仕事の出入りがなく $U(T_1,V_1)=U(T_2,V_2)$

$$\left(\frac{\partial U}{\partial T}\right)_V \frac{dT}{dV} + \left(\frac{\partial U}{\partial V}\right)_T = 0,$$

となるが，変化 $(T, V) \to (T + dT, V + dV)$ は U 一定のもとでの変化なので，

$$\frac{dT}{dV} = \left(\frac{\partial T}{\partial V}\right)_U$$

である．したがって，

$$\left(\frac{\partial U}{\partial V}\right)_T = -\left(\frac{\partial U}{\partial T}\right)_V \left(\frac{\partial T}{\partial V}\right)_U,$$

がわかる．これを $T = T_1$ に固定して V で積分すれば

$$\begin{aligned} U(T_1, V_2) - U(T_1, V_1) &= -\int_{V_1}^{V_2} dV \left(\frac{\partial U}{\partial T}\right)_V \left(\frac{\partial T}{\partial V}\right)_U \\ &= -\int_{V_1}^{V_2} dV C_V(T, V) \left(\frac{\partial T}{\partial V}\right)_U, \end{aligned}$$

各温度での U の体積依存性がわかる．

例題　実験から理想気体の断熱自由膨張では，始状態と終状態の体積によらず温度が変化しないことが確かめられた．また，単原子分子理想気体 n [mol] の定積熱容量があらゆる温度と体積で

$$C_V = \left(\frac{\partial U}{\partial T}\right)_V = \frac{3}{2}nR$$

と測定された．これらの性質から，理想気体の内部エネルギー U を温度 T，体積 V の関数として表せ．

解答　任意の体積変化 $V_1 \to V_2$ の断熱自由膨張で温度が変化しないならば $U(n, T, V_1) = U(n, T, V_2)$ であるから，内部エネルギーは体積によらないことがわかる．理想気体の体積 V を一定にしてゆっくり加熱したとき，内部エネルギーの変化は

$$U(n, T_2, V) - U(n, T_1, V) = \int_{T_1}^{T_2} C_V(T, V)dT = \frac{3}{2}R(T_2 - T_1)$$

である．内部エネルギーの基準を絶対零度で 0 とすると，

$$U(n,T,V) = \frac{3}{2}nRT.$$

2 原子分子および多原子分子理想気体

単原子分子理想気体 n [mol] の定積熱容量は $\frac{3}{2}nR$，2 原子分子理想気体 n [mol] の定積熱容量は $\frac{5}{2}nR$，多原子分子理想気体 n [mol] の定積熱容量は $3nR$ である．これらの気体の定積熱容量は異なるが，皆同じ状態方程式に従う．これらのことは統計力学によって導くことができる．

定圧熱容量

圧力一定の条件で測定した熱容量 C_P を定圧熱容量とよぶ．系の吸収する熱は $d'Q = dU + PdV$ であり，かつ

$$dU = \left(\frac{\partial U}{\partial T}\right)_V dT + \left(\frac{\partial U}{\partial V}\right)_T dV$$

である．圧力を一定に保った変化では，体積と絶対温度の関係は 1 変数関数 $V(T)$ で表されるので定圧熱容量 C_P は，

$$\begin{aligned} C_P = \left(\frac{d'Q}{dT}\right)_P &= \left(\frac{\partial U}{\partial T}\right)_V + \left[\left(\frac{\partial U}{\partial V}\right)_T + P\right]\left(\frac{\partial V}{\partial T}\right)_P \\ &= C_V + \left[\left(\frac{\partial U}{\partial V}\right)_T + P\right]\left(\frac{\partial V}{\partial T}\right)_P . \end{aligned}$$

理想気体の内部エネルギーが体積 V に依存しないことを実験事実として認めると，状態方程式 $PV = nRT$ において $P =$ 一定の条件では $PdV = nRdT$ より，理想気体の定圧熱容量は

$$C_P = \frac{3}{2}nR + nR = \frac{5}{2}nR,$$

と求まる．この理想気体の定圧熱容量と定積熱容量の関係 $C_P = C_V + nR$ を Mayer（マイヤー）の関係式という．

2.4　準静的過程

ここでは単一系のいくつかの簡単な準静的過程について調べる．物質量 n [mol] が定まった流体の準静的過程 $(T_1, V_1) \to (T_2, V_2)$ では流体の絶対温度と

体積の関数関係 $T(V)$ が定まれば，流体のした力学的な仕事は圧力の積分

$$W_{1,2} = \int_{V_1}^{V_2} P(T(V), V)dV$$

で定まり，内部エネルギーの変化

$$\Delta U = U(n, T_2, V_2) - U(n, T_1, V_1)$$

は始状態と終状態から定まるため，流体の吸収した熱は

$$\Delta U + W_{1,2}$$

と熱力学第1法則から定まる．まずは，定積環境，定圧環境，等温環境，断熱環境のいずれか1つの固定条件下での準静的過程を考察する．そのような場合，過程の途中でも平衡状態であり状態方程式が成り立つため，状態における経路が定まり，流体のした仕事が積分で定まる．

2.4.1　準静的定積過程

体積 V での定積環境下において物質量 n [mol] の流体の準静的過程 $(n, T_1, V) \to (n, T_2, V)$ で流体は力学的仕事をしないので，流体が吸収した熱は準静的過程に限らず，内部エネルギーの変化

$$\Delta U = U(n, T_2, V) - U(n, T_1, V),$$

に等しい．

2.4.2　準静的定圧過程

圧力 P の定圧環境下での物質量 n [mol] の流体の準静的過程 $(n, P, V_1) \to (n, P, V_2)$ において，流体の行った力学的仕事は

$$W_{1,2} = \int_{V_1}^{V_2} PdV = P(V_2 - V_1),$$

と求まる．内部エネルギーの変化

$$\Delta U = U(n, T_2, V_2) - U(n, T_1, V_1)$$

における T_1，T_2 は状態方程式と P，V_1，V_2 から定まる．この過程で流体の吸

収した熱は

$$\Delta U + W_{1,2}$$

である.

2.4.3 準静的等温過程

絶対温度 T での等温環境下における物質量 n [mol] の流体の準静的過程 $(n, T, V_1) \to (n, T, V_2)$ で，流体の行った力学的仕事は

$$\int_{V_1}^{V_2} P(T, V) dV$$

であり，内部エネルギーの変化は

$$\Delta U = U(n, T, V_2) - U(n, T, V_1)$$

である.

2.4.4 準静的断熱過程

系を準静的に断熱変化させたとき状態 (T, V) は準静的断熱曲線に沿って変化する．準静的変化の各状態は状態方程式に従うため，準静的断熱曲線は断熱条件

$$dU + P(T, V) dV = 0,$$

から決定できる．一般には次の微分方程式

$$\frac{\partial U}{\partial T} dT + \left(\frac{\partial U}{\partial V} + P \right) dV = 0$$

から V と T の関数関係がわかる.

● 理想気体の準静的断熱曲線

n [mol] の理想気体は $PV = nRT$，$U = nc_V T$ を満たすから，断熱条件は

$$nc_V dT + \frac{nRT}{V} dV = 0.$$

ただし，モル定積比熱は単原子分子理想気体では $c_V = \frac{3}{2}R$，2 原子分子理想気体では $c_V = \frac{5}{2}R$，多原子分子理想気体では $c_V = 3R$，である．これを変形す

ると

$$\frac{c_V}{R}\frac{dT}{T}+\frac{dV}{V}=0$$

これを積分することにより

$$\frac{c_V}{R}\log T+\log V=C,$$

したがって，準静的断熱曲線は

$$T^{\frac{c_V}{R}}V=\text{一定}$$

と表される．

2.5　瞬時の力学的環境変化による過程

以下では，固定した熱的な環境のもとで，力学的環境を瞬時に変化させることによる過程を例題をもとに調べていく．

2.5.1　断熱環境下での定積環境の変化

2.3.3 項で述べたように系を断熱壁でできた容器に閉じ込め，温度と体積 (T_1, V_1) を測定する．その後，断熱壁を取り除くことによって力学的仕事をさせずに，真空の空間で気体を断熱的に自由膨張させ，系の終状態 (T_2, V_2) を測定する（図 2.3）．熱力学第1法則によって内部エネルギーは変化しないので，

$$U(T_1, V_1)=U(T_2, V_2),$$

である．

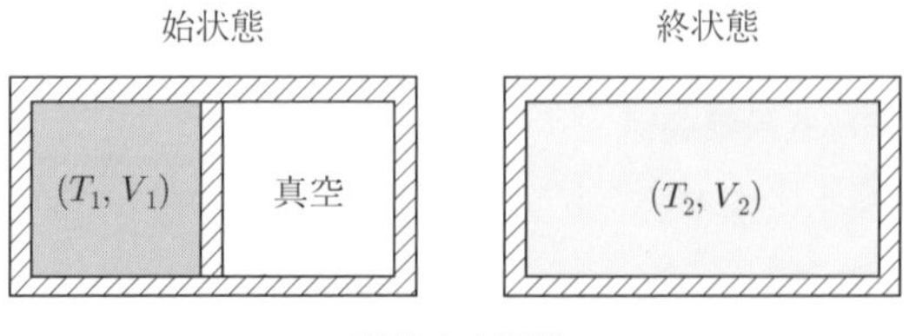

図 2.3　熱も仕事も出入りがない瞬時の体積変化

例題　正の定数を a，c として n [mol] の気体の内部エネルギーが

$$U(T,V) = ncT - \frac{an^2}{V}$$

で与えられる気体が断熱自由膨張 $(T_1, V_1) \to (T_2, V_2)$ を行う．$V_1 < V_2$ であるとするとき，T_1，T_2 の間の大小関係を答えよ．

解答　断熱自由膨張で気体の内部エネルギーは変わらないので，

$$ncT_1 - \frac{an^2}{V_1} = ncT_2 - \frac{an^2}{V_2}$$

である．よって，

$$T_2 - T_1 = \frac{an}{c}\left(\frac{1}{V_2} - \frac{1}{V_1}\right) < 0.$$

断熱自由膨張によって $a > 0$ ならば温度が下がる．6 章で議論するが，この内部エネルギーは van der Waals 気体の内部エネルギーである（図 2.4）．理想気体では $a = 0$ であり，断熱自由膨張で温度は変わらないが，一般の気体ではこの例のように温度が下がることが普通である．

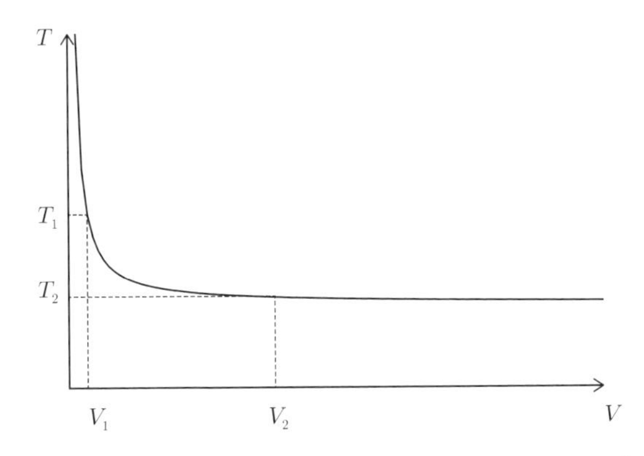

図 2.4　van der Waals 気体の内部エネルギー一定曲線：$ncT - \frac{an^2}{V} = U(T,V) =$ 一定

2.5.2 断熱環境下での定圧環境の変化

例題　断熱材でできたシリンダーとピストンからなる容器が真空中におかれており，この中に単原子分子理想気体 1 mol が閉じ込められている．このシリンダーの断面積を A，ピストンの質量を M，重力加速度の大きさを g とする．ただし，気体にはたらく重力は無視する．気体にある操作を行った後，そのまま十分な時間放置すると，気体の圧力 P，体積 V，絶対温度 T は一定な値を示すと仮定する．このとき，理想気体の状態方程式 $PV = RT$，が成り立ち，気体の内部エネルギーは $U = \frac{3}{2}RT$，で与えられる．次の問いに答えよ．

(1) 始めは図 2.5 の左図のように，ピストンの上に質量 m の重りがのせられており，気体は一定な値 $V = V_0$，$T = T_0$ を示していた．このとき温度 T_0 を体積 V_0 で表せ．

(2) 始めの状態からピストンの上の質量 m の重りをすばやく取り去り，そのまま十分な時間放置すると気体は一定の値 $V = V_1$，$T = T_1$ を示した．すなわち，この過程は定圧かつ断熱環境のもとで行われた．図 2.5 の右図にはこの過程の終った状態が図示されている．エネルギー保存の法則により V_0，T_0 と V_1，T_1 の間の関係を求め，温度を体積で表すことにより V_1 を V_0 で表せ．

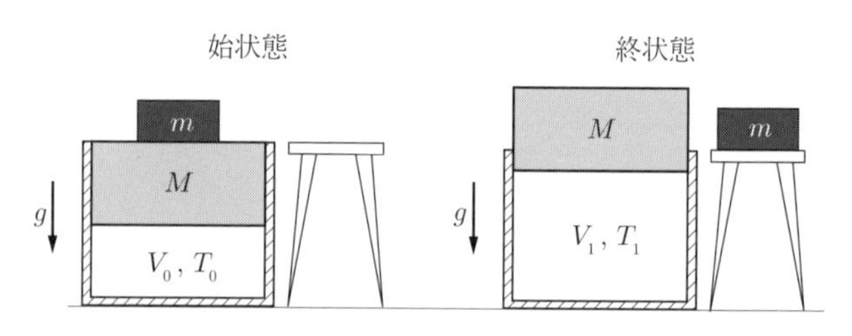

図 2.5　重りの取り去りによる急激な圧力の変化

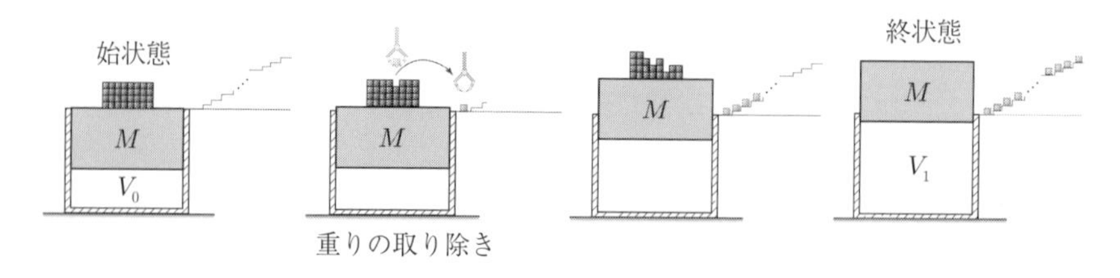

図 2.6　分割した重りの取り除きによる閉じ込め圧力の変更

(3) 問 (2) における操作において，重りを一度に取り去るかわりに，図 2.6 のように質量 m の重りを質量 m/N の重り N 個に分割し，分割した重りを 1 つ取り去った後十分な時間放置するという過程を N 回繰り返す．この N を大きくすると，この過程は準静的過程に近づいてゆく．$N \to \infty$ の極限をとって準静的断熱曲線を求めよ．

解答　(1) 図 2.5 の左図のときの気体の圧力を P_0 とすると，重りがピストンに作用する力，ピストンにはたらく重力および気体から受ける力の釣り合い

$$P_0 A = (M+m)g,$$

と気体の状態方程式

$$P_0 V_0 = RT_0,$$

から，

$$T_0 = \frac{(M+m)gV_0}{RA},$$

となる．

(2) 質量 m の重りをピストンから取り去った瞬間の始状態と，十分に時間がたって，気体が平衡状態 (T_1, V_1) になった終状態の間にエネルギー保存則が成り立つから

$$\frac{3}{2}RT_0 + Mg\frac{V_0}{A} = \frac{3}{2}RT_1 + Mg\frac{V_1}{A}. \tag{2.7}$$

であり，温度を体積で表すことにより V_1 は

$$V_1 = \left(1 + \frac{3}{5}\frac{m}{M}\right)V_0.$$

また，この結果と力学的釣り合いと状態方程式を用いると過程の前後の温度には

$$(M+m)T_1 = (M + \frac{3}{5}m)T_0$$

の関係がある．

(3) 図のように分割した重りを j 個取り去った後の体積を V_j，温度を $T_j(j=0,\cdots,N)$ とおく．重りを j 個取り去った後，重りの質量とピストンの質量の和は $M+m-jm/N$ であり，気体の体積は V_j である．さらに質量 m/N の重りを取り除いたとき，ピストンと重りの質量は $M+m-(j+1)m/N$，体積は V_{j+1} であるから，(2) で得られた解答の左辺において $V_1 \to V_{j+1}$，右辺において $V_0 \to V_j$，$M \to M+m-(j+1)m/N$，$m \to m/N$ と読み替えることによって，次のような V_j についての漸化式が得られる．

$$V_{j+1} = \left(1 + \frac{3}{5}\frac{m/N}{M+m(1-(j+1)/N)}\right)V_j.$$

同様に絶対温度に対しては $T_1 \to T_{j+1}$，$T_0 \to T_j$，$M \to M+m-(j+1)m/N$，$m \to m/N$ と読み替えることによって，

$$T_{j+1} = \frac{M+m(1-(j+1)/N)+\frac{3}{5}m/N}{M+m(1-(j+1)/N)+m/N}T_j$$

重りを j 個取り去ったときの圧力を $P_j = [M+m(1-j/N)]g/A$ とおくと

$$V_{j+1} = \left(1+\frac{3}{5}\frac{P_j - P_{j+1}}{P_{j+1}}\right)V_j, \quad T_{j+1} = \frac{P_{j+1}+\frac{3}{5}(P_j - P_{j+1})}{P_j}T_j$$

体積と絶対温度の差分は

$$V_{j+1} - V_j = \frac{3}{5}\frac{P_j - P_{j+1}}{P_{j+1}}V_j, \quad T_{j+1} - T_j = -\frac{2}{5}\frac{P_j - P_{j+1}}{P_j}T_j.$$

両辺を $P_{j+1} - P_j$ で割って

$$\frac{V_{j+1}-V_j}{P_{j+1}-P_j} = -\frac{3}{5}\frac{V_j}{P_{j+1}}, \quad \frac{T_{j+1}-T_j}{P_{j+1}-P_j} = \frac{2}{5}\frac{T_j}{P_j},$$

$N \to \infty$ の極限をとると，$P_j \to P$，$P_{j+1} \to P$，となることに注意して微分方程式

$$\frac{dV}{dP} = -\frac{3}{5}\frac{V}{P}, \quad \frac{dT}{dP} = \frac{2}{5}\frac{T}{P}$$

を得る．これより微分方程式

$$\frac{dV}{dT} = \frac{\frac{dV}{dP}}{\frac{dT}{dP}} = -\frac{3}{2}\frac{V}{T},$$

が得られる．この微分方程式を解こう．両辺を V で割ってから，両辺を T で積分すると，

$$\int \frac{dV}{V} = \int \frac{1}{V}\frac{dV}{dT}dT = -\int \frac{3}{2T}dT,$$

左辺には置換積分の公式を適用した．積分を実行すると，

$$\log V = -\frac{3}{2}\log T + C$$

これより，準静的断熱曲線 $T^{\frac{3}{2}}V =$ 一定，が一般解となることがわかる．このように，重りを細かく分割していく極限によって，気体の準静的断熱変化が達成される．

注意　この例題 (2) では，断熱環境かつ，圧力 P_0 での定圧環境で平衡状態にあった気体が，瞬時に圧力 P_1 の定圧環境に切り替えられたときの断熱過程を扱っている．この過程でピストンが振動してしまうときは，平衡状態にいたるまでの途中で気体はピストンに力学的仕事を与えたり，受け取ったりすることになる．しかしながら，最終的に平衡状態にいたることを仮定すると，どのように平衡状態に近づいたかに関わらず，2 つの平衡状態の間の過程で気体がピストンに行った仕事から受け取った仕事を引いた実質上の仕事はピストンの位置エネルギーの変化に等しく，$Mg(V_1 - V_0)/A = P_1(V_1 - V_0)$ である．本書では，1 つの平衡状態からもう 1 つの平衡状態にいたるまでに気体が行った実質上の力学的仕事を，単にその過程で気体が行った力学的仕事ということにする．理論的には平衡状態にならずに永久に振動し続けることを排除できないが，1 章で述べたように，力学的環境および熱的環境を固定して十分な時間が経過すると系は平衡状態になることを熱力学の前提としている．

2.5.3　等温環境下での定圧環境の変化

例題　断熱環境で扱った 2.5.2 項の (2) の問題を，等温環境で取り扱う．すなわち，系は絶対温度 T の 1 つの熱浴と接触していて，始状態と終状態ともに $T_0 = T = T_1$ であるとする．質量 m の重りをすばやく取り去った場合（図 2.7)，気体が外に行う力学的仕事と，気体が吸収した熱を求めよ．

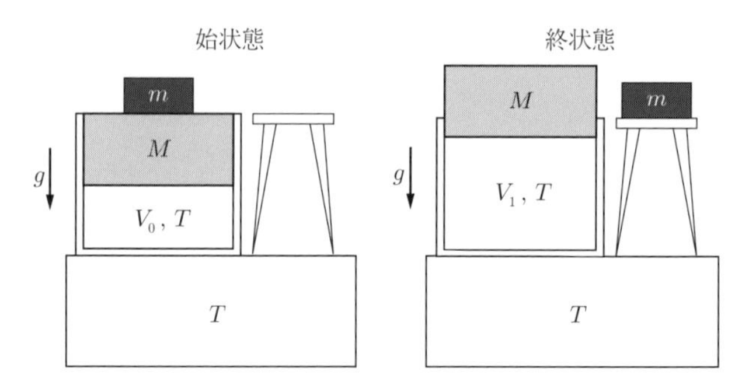

図 2.7　重りの取り去りによる急激な圧力の変化（シリンダーとピストンからなる容器は絶対温度 T に保たれ，ただ 1 つの熱浴と接触しているので，始状態と終状態は $T_0 = T = T_1$ となる）.

解答　気体の行った力学的仕事は

$$Mg\frac{(V_1 - V_0)}{A} = (1 - \frac{M}{M+m})RT = \frac{m}{M+m}RT$$

等温過程で内部エネルギーに変化はないから，気体の吸収した熱は行った力学的仕事に等しい.

注意　この例題のように，定圧等温環境におかれた気体の始状態 (P_0, T, V_0) に対し，絶対温度 T の等温環境を保ったまま急激に P_1 の定圧環境に変化させ，十分時間が経過した後平衡状態である終状態 (P_1, T, V_1) にいたったとき，この過程で気体が外に行った力学的仕事 W は，ピストンの位置エネルギーの変化に等しく，

$$W = P_1(V_1 - V_0), \tag{2.8}$$

で与えられる．この関係は理想気体に限らず成り立つ.

2.6　瞬時の熱的環境変化による過程

以下では，固定した力学的環境のもとで，熱的環境を瞬時に変化させることによる過程を例題をもとに調べていく.

2.6.1 定積環境下での等温環境の変化

例題 容積 V の箱の中に閉じ込められた単原子分子理想気体 n [mol] が，絶対温度 T_0 で平衡状態にあった．この始状態にある理想気体に絶対温度 T_1 の熱浴を接触させ体積 V の定積環境を保って十分な時間が経つと，平衡状態となり，絶対温度は T_1 となった（図 2.8）．始状態から終状態の間におけるこの気体の内部エネルギーの変化と，熱浴から吸収した熱を答えよ．

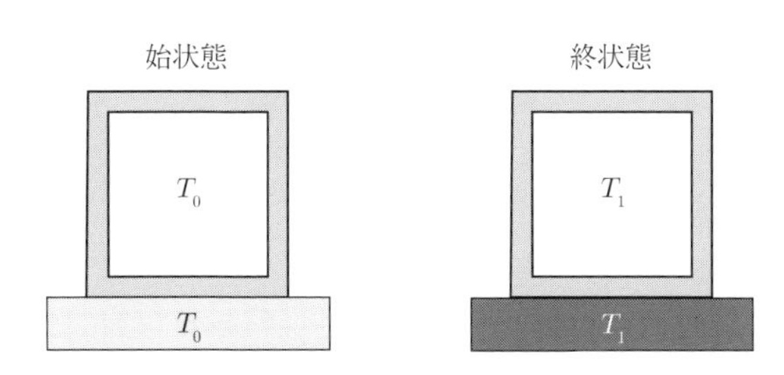

図 2.8 定積環境における等温環境の瞬時の変化

解答 気体の内部エネルギーの変化は $\frac{3}{2}nR(T_1 - T_0)$ であり，これは気体が熱浴から吸収した熱に等しい．

2.6.2 定圧環境下での等温環境の変化

前の例題で取り扱った容器に閉じ込められた理想気体に対し，次のような過程を考える．

例題 質量 M のピストンと断面積が A のシリンダーからなる容器に単原子分子理想気体 1 mol が入れられていて，圧力 $P_0 = \frac{Mg}{A}$，絶対温度 T_0 で平衡状態にあった．圧力 P_0 の定圧環境を保ったまま，気体に絶対温度 T_1 の熱浴を接触させると，気体は絶対温度 T_1 で平衡状態になった（図 2.9）．次の問いに答えよ．

(1) 始状態と終状態の体積を P_0 と T_0，T_1 で表せ．

(2) 内部エネルギーの変化を求めよ．

(3) 気体がピストンに行った力学的仕事を求めよ．

(4) 気体が熱浴から吸収した熱を求めよ．

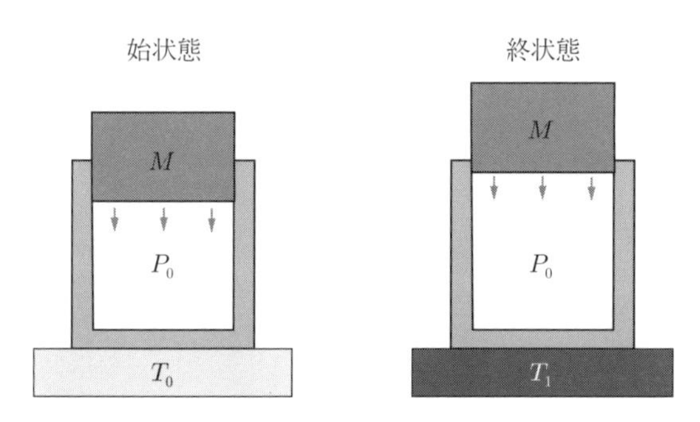

図 2.9　定圧環境における等温環境の瞬時の変化

解答　(1) 始状態の体積は

$$V_0 = \frac{RT_0}{P_0},$$

終状態の体積は

$$V_1 = \frac{RT_1}{P_0}$$

(2) 内部エネルギーの変化は

$$\frac{3}{2}R(T_1 - T_0).$$

(3) 気体がピストンに行った仕事は

$$Mg\frac{(V_1 - V_0)}{A} = R(T_1 - T_0).$$

(4) 気体が熱浴から吸収した熱は熱力学第1法則より

$$\frac{3}{2}R(T_1 - T_0) + R(T_1 - T_0) = \frac{5}{2}R(T_1 - T_0).$$

2 章の問題

問 2.1　2 原子分子理想気体 n [mol] および，多原子分子理想気体 n [mol] の定圧熱容量を求めよ．

問 2.2　物質量 n [mol] の単原子分子理想気体は状態方程式 $PV = nRT$ を満たし，あらゆる温度と体積において，定積熱容量 $C_V = \frac{3}{2}nR$，定圧熱容量 $C_P = \frac{5}{2}nR$ であると仮定するとき，この気体の内部エネルギーは体積に依存せず $U = \frac{3}{2}nRT$ となることを導け．

問 2.3　単原子分子理想気体 1 mol が始め体積 V_1 の箱の中に，温度 T_1 で閉じ込められていた．この系を準静的に変化させることにより終状態が体積 $2V_1$，温度 T_1 になった．次の 2 つの経路に対する系が受け取る熱を求めよ．

(1) 等温膨張によって体積を 2 倍にする．

(2) 断熱膨張によって体積を 2 倍にし，体積をそのまま保って加熱し温度を T_1 に戻す．（**ヒント**：断熱膨張でどれだけ温度が下がるか計算せよ．）

問 2.4　2 原子分子および多原子分子理想気体の準静的断熱曲線を求めよ．

問 2.5　単原子分子理想気体の状態方程式を用いて準静的断熱曲線を (P, V) と (T, V) グラフに表せ．また，準静的等温曲線を表し比較せよ．

問 2.6　始め体積 V_1，温度 T_1 であった単原子分子理想気体 n [mol] が準静的に断熱膨張し，体積が $2V_1$ となった．このときこの気体が外に行った力学的仕事を求めよ．

問 2.7　絶対温度 T での等温環境下における物質量 n [mol] の理想気体の準静的過程 $(n, T, V_1) \to (n, T, V_2)$ で気体の行った力学的仕事，内部エネルギーの変化，気体の吸収した熱をそれぞれ求めよ．

問 2.8　単原子分子理想気体 $2n$ mol を断熱容器に閉じ込め，熱を通す仕切りを入れ，2 つの部屋に分割し，始状態を (n, U, V)，(n, U, V) とする．片方の系の体積を一定に保ちながら，もう一方を準静的に膨張させるとき，2 つの系の温度は同じなので，この過程は $(n, U, V; n, U, V) \to$

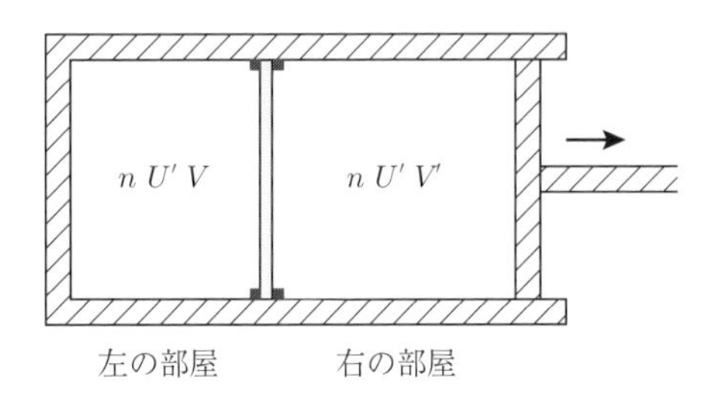

図 2.10　2 つの部屋の気体の準静的断熱過程

$(n, U', V; n, U', V')$ と表される（図 2.10）．このとき，熱力学第 1 法則と状態方程式 $P'V' = nRT'$，内部エネルギー $U' = \frac{3}{2}nRT'$ により，$U'^3V' = U^3V$ を示せ．

問 2.9　物質量 n，圧力 P，絶対温度 T，体積 V，の単原子分子理想気体の状態方程式は $PV = nRT$，内部エネルギーは $U = \frac{3}{2}nRT$ である．この気体を閉じ込めた 2 つの容器が断熱壁でおおわれている．始め，2 つの容器は固定された断熱壁で仕切られていて，それぞれの気体の物質量は n_1，n_2[mol]，絶対温度は T_1，T_2，体積は V_1，V_2 で平衡状態にあった．次の問いに答えよ．

(1) 断熱壁を熱が透過する壁に置き換え放置するとそれぞれの気体の物質量と体積はそのままで，絶対温度は等しく T となり，平衡状態となった．このときの T をそれぞれの始状態 T_1，T_2，n_1，n_2 で表せ．

(2) 2 つの系を隔てる透過壁がピストンとして動く場合，終状態の体積 V_1'，V_2' をそれぞれの始状態 V_1，V_2，n_1，n_2 で表せ．

問 2.10　物質量 n [mol] の単原子分子理想気体の始状態を圧力と体積で表し (P_1, V_1) であるとする．この気体の始状態から圧力を P_1 に保った準静的定圧膨張過程 $(P_1, V_1) \to (P_1, V_2)$ を過程 1 とする．その後，体積を V_2 に保った準静的定積加圧過程 $(P_1, V_2) \to (P_2, V_2)$ を過程 2 とする．過程 1 でこの気体が吸収する熱を Q_1，過程 2 では同様に Q_2 とする．正の数を $0 < a < 1$，$b > 1$ として $P_2 = aP_1$，$V_2 = bV_1$ とおくとき，過程 1 と 2 の複合過程で気体が吸収する熱が $Q_1 + Q_2 = 0$ となる a，b の関係を求めよ．

第3章

熱力学第2法則

熱力学第2法則は熱力学系の変化の方向を制限している法則である．熱力学第1法則と異なり，第2法則にはエントロピー増大の法則やKelvinの原理，最大仕事の原理などいろいろな表現がある．本書でも，内部エネルギー増大の原理を前提として，エントロピー増大の法則，最大仕事の原理，Kelvinの原理などが導かれるので，その度に第2法則の一つであることを括弧付きで示している．歴史的に，熱力学は産業革命における蒸気機関などの熱機関とともに発達したため，第2法則の表現には熱を吸収して力学的な仕事を外に行う熱機関を用いていることが多い．そのため，複合過程としての熱機関を中心にエントロピー増大の法則を含む熱力学第2法則を解説した教科書が多いが，説明も複雑になる．ここでは，できるだけ単純な過程によりエントロピーを定義し，始めと終わりの体積が等しい断熱過程の内部エネルギー増大を前提としてエントロピー増大の法則を直接的に導く．熱機関については応用として後で議論する．

3.1 可逆断熱過程の定義と前提

この章でも，流体の物質量が過程の途中に変化しないと明らかなとき，n [mol]は省略して流体の状態を内部エネルギーUと体積Vで表す．

定義（可逆断熱過程）

過程の途中で物質量を変えない断熱過程$(U_1, V_1) \to (U_2, V_2)$に対して，始状態と終状態を入れ替えた断熱過程$(U_2, V_2) \to (U_1, V_1)$が存在するならば，その断熱過程は可逆断熱過程であるといい，存在しなければ不可逆断熱過程であるという．

準静的断熱過程は可逆断熱過程である．これについて説明しよう．任意の準静的断熱過程 $(U_1, V_1) \to (U_2, V_2)$ において，準静的断熱曲線の存在により U_2 は U_1，V_1，V_2 から一意的に定まる．この過程に対して体積を元に戻す準静的断熱過程 $(U_2, V_2) \to (U_3, V_1)$ で U_3 は一意的に定まり，$U_1 = U_3$ でなければならない．$(U_2, V_2) \to (U_1, V_1)$ が断熱過程として存在するので，この過程は可逆である．

前提 Planck の原理（断熱過程の内部エネルギー増大の原理）

過程の途中で流体の物質量を変えない始状態 (U_1, V) から終状態 (U_2, V) への断熱過程が存在する必要十分条件は $U_1 \leq U_2$ である（熱力学第2法則の一つの表現）．これを図式で表すと

Planck の原理（断熱過程の内部エネルギー増大の原理）

$$\text{断熱過程}\ (U_1, V) \to (U_2, V)\ \text{が存在} \quad \Longleftrightarrow \quad U_1 \leq U_2$$

本書では，命題 A，B に対して，「A ならば B」を「A $\Longrightarrow$ B」と表すと 2.2 節で述べた．同様に，「B ならば A」を「A $\Longleftarrow$ B」と表し，「 A $\Longrightarrow$ B かつ A $\Longleftarrow$ B 」を「A $\Longleftrightarrow$ B」と表す．

本書では Planck の原理を前提として認め，これに基づいて熱力学の理論を構築する．もし，内部エネルギーが減少する，体積を元に戻す断熱過程が可能ならば，熱力学第1法則から流体は外に正の力学的仕事を行うことに注意せよ．加熱せずに力学的仕事を得ることは経験上不可能である．もし可能であれば燃料を必要としないエンジンの作成ができてしまうことから，このような断熱過程の存在に対して内部エネルギー増大が必要条件であることは極めて自然な仮定である．一方，十分条件であることは，以下で与える具体的な例題を解くことにより理解することができる．

ここで考えている過程は，定積環境のもとで行われる断熱過程ではない（定積断熱過程はなにも操作をしないことに注意）．断熱環境のもとで，外から閉じ込め容器のピストンを操作することによる圧縮や膨張を行い，終状態の体積を始状態の体積に一致させる過程である．

断熱過程 $(n, U_1, V) \to (n, U_2, V)$ において $U_1 < U_2$ ならば，この過程は不可逆過程である．エントロピー増大の法則はこの内部エネルギー増大の原理の一般化である．

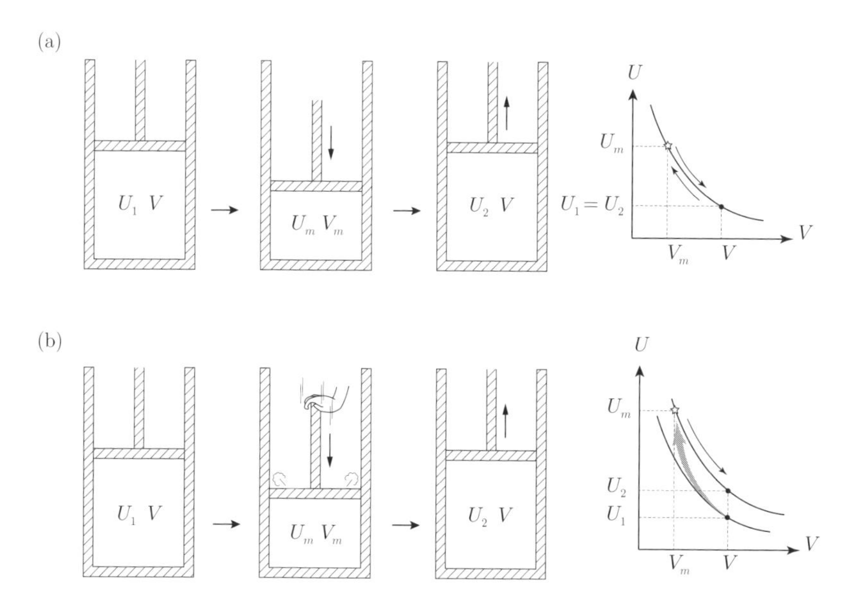

図 3.1 Planck の原理に従う「体積を元に戻す 2 つの断熱過程」の例．(a) は準静的断熱過程（可逆過程），(b) は始めの過程が急激な圧力変化による不可逆な断熱過程．右のグラフの曲線は準静的断熱曲線を表す．異なる準静的断熱曲線上の状態になり，断熱過程で元の体積に戻しても内部エネルギーが始状態より増大し元の状態には戻せない．

3.2 エントロピー

定義（エントロピー）

任意の可逆断熱過程の前後で不変となる示量的状態量 $S(n, U, V)$ を系のエントロピーという [2]．

注意 すなわち，1 つの系の可逆断熱過程（準静的断熱過程）$(n_1, U_1, V_1) \to (n_1, U_1', V_1')$ に対してエントロピーは $S(n_1, U_1, V_1) = S(n_1, U_1', V_1')$，となって不変である．

注意 一般に示量変数は加法性をもつ．すなわち，2 つの系の複合系の示量変数はそれぞれの系の示量変数の和で表される．たとえば 2 つの系のそれぞれの内部エネルギーを U_1，U_2 とするとき，2 つの系からなる複合系の内部エネルギー

は U_1+U_2 である．

注意 エントロピーについて，上の2つの注意に従えば，2つの系の可逆断熱過程 $(n_1, U_1, V_1; n_2, U_2, V_2) \to (n_1, U_1', V_1'; n_2, U_2', V_2')$ に対しても，複合系のエントロピーは次のように和で表され，

$$
\begin{aligned}
S(n_1, U_1, V_1) + S(n_2, U_2, V_2) &= S(n_1, U_1, V_1; n_2, U_2, V_2) \\
&= S(n_1, U_1', V_1'; n_2, U_2', V_2') = S(n_1, U_1', V_1') + S(n_2, U_2', V_2').
\end{aligned}
$$

この過程の前後で不変である．次で見るように，この性質はエントロピーを状態の関数として決定する．

3.3 理想気体のエントロピーの性質

公式（単原子分子理想気体のエントロピー）

物質量 n [mol]，内部エネルギー U，体積 V の単原子分子理想気体のエントロピー $S(n, U, V)$ が存在するならば，c_0，c_1 を任意の定数として，次のように表される．

$$
S(n, U, V) = c_1 nR \log(n^{-\frac{5}{2}} U^{\frac{3}{2}} V) + nc_0. \tag{3.1}
$$

【証明】

単一の理想気体に対して，公式 (3.1) がエントロピーの定義を満たすことは明らかである．以下では，定義を満たす $S(n, U, V)$ は，(3.1) だけであることを，2つの系も考察の範囲に入れ，3段階 I，II，III に分けて証明する．

I. 始めに，エントロピーはある関数 f を用いて次のように表されることを示す．

$$
S(n, U, V) = nf(n^{-\frac{5}{2}} U^{\frac{3}{2}} V). \tag{3.2}
$$

物質量 n [mol] の気体のエントロピー $S(n, U, V)$ は示量変数であるから，任意の正の数 a に対して

$$
S(an, aU, aV) = aS(n, U, V),
$$

を満たす．よって $a = 1/n$ を代入すると $S(n, U, V) = nS(1, U/n, V/n)$，

を得る．単原子分子理想気体の準静的断熱変化 $U^{\frac{3}{2}}V = U'^{\frac{3}{2}}V'$，すなわち $V' = (U/U')^{\frac{3}{2}}V$ でエントロピーは不変であり，$U' = n$ とすると

$$S(n,U,V) = S(n,U',V') = nS(1,U'/n,V'/n) = nS(1,1,V'/n)$$
$$= nS(1,1,n^{-\frac{5}{2}}U^{\frac{3}{2}}V).$$

よって，ある 1 変数関数を $S(1,1,x) = f(x)$ とおくと $S(n,U,V)$ は式 (3.2) で表される．

II. 次に，2 つの系を考えることにより，この f は任意の正の実数 x，y に対し次の関数方程式を満たすことを示す．

$$f(x^{-\frac{1}{2}}y) + f(x^{\frac{1}{2}}y) = 2f(y). \tag{3.3}$$

始状態 $(2n,2U,2V)$ の単原子分子理想気体を断熱容器に閉じ込め，熱を通す仕切りを入れ，状態 (n,U,V)，(n,U,V) の 2 つの系に分割する．片方の系の体積を一定に保ちながら，もう一方を準静的に膨張させる．2 つの系の温度は同じなので，この過程は $(n,U,V;n,U,V) \to (n,U',V';n,U',V)$ と表される．熱力学第 1 法則と状態方程式 $P'V' = nRT'$，内部エネルギー $U' = \frac{3}{2}nRT'$ により，変化の途中では次が成り立つ．

$$0 = 2dU' + P'dV' = 2dU' + \frac{2}{3}\frac{U'}{V'}dV'.$$

これを積分すると $U'^3V' = U^3V$ が得られる（この過程は問 2.8 でも取り扱った）．よって，膨張させた系の終状態の体積を $V' = xV$ とおくと，$U' = x^{-\frac{1}{3}}U$ である．$(2n,2U,2V) \to (n,x^{-\frac{1}{3}}U,V;n,x^{-\frac{1}{3}}U,xV)$ でエントロピーは不変なので

$$nf(x^{-\frac{1}{2}}n^{-\frac{5}{2}}U^{\frac{3}{2}}V) + nf(x^{\frac{1}{2}}n^{-\frac{5}{2}}U^{\frac{3}{2}}V) = 2nf(n^{-\frac{5}{2}}U^{\frac{3}{2}}V).$$

$y = n^{-\frac{5}{2}}U^{\frac{3}{2}}V$ とおくことにより，式 (3.3) が導かれる．

III. 最後に，関数方程式 (3.3) を満たす関数 f はある定数を c_0 として次のように定まることを示す．

$$f(x) = f'(1)\log x + c_0. \tag{3.4}$$

式 (3.3) の両辺を y を一定に保って x で微分すると

$$-\frac{1}{2}x^{-\frac{3}{2}}yf'(x^{-\frac{1}{2}}y)+\frac{1}{2}x^{-\frac{1}{2}}yf'(x^{\frac{1}{2}}y)=0,$$

この式で $y=x^{\frac{1}{2}}$ とおくと，$f'(x)=f'(1)/x$，が得られ，これを積分して式(3.4)が得られる．これと式(3.2)により単原子分子理想気体のエントロピーは

$$S(n,U,V)=c_1 nR\log(n^{-\frac{5}{2}}U^{\frac{3}{2}}V)+nc_0$$

と求まる．ただし，$f'(1)=c_1R$ とおいた．証明終わり．

注意　通常 $c_1=1$ とするので，以下では $c_1=1$ としたものをエントロピーということにする．このエントロピーは，後の3.5節において示されるClausius（クラウジウス）等式を満たす．

注意　上で与えた公式の導出では，ある限定した準静的断熱過程に対して理想気体のエントロピーが不変であるという必要条件によって，その関数形を特定した．導出のIにおいては，1つの容器に閉じ込められた理想気体の準静的断熱過程に対して，II，IIIにおいては，2つの容器の片方を定積環境に限定した理想気体の準静的断熱過程に対して，エントロピーの不変性から，その関数形が特定された．一方，任意の準静的断熱過程に対して求めたエントロピーの不変性を示すことも重要である．この不変性を示すには，後の3.5節において導かれるClausius等式を用いる方が一般性があり見通しが良いので，3.5.1項の例題で議論する．

● 理想気体のエントロピー増大の法則

理想気体がある始状態からある終状態に断熱過程で到達できるための必要十分条件は，系のエントロピーがその前後で減少しないことである（熱力学第2法則の一例）．

これを図式で表すと

理想気体のエントロピー増大の法則

断熱過程 $(n,U_1,V_1)\to(n,U_2,V_2)$ が存在 $\iff$

$$S(n,U_1,V_1)\le S(n,U_2,V_2)$$

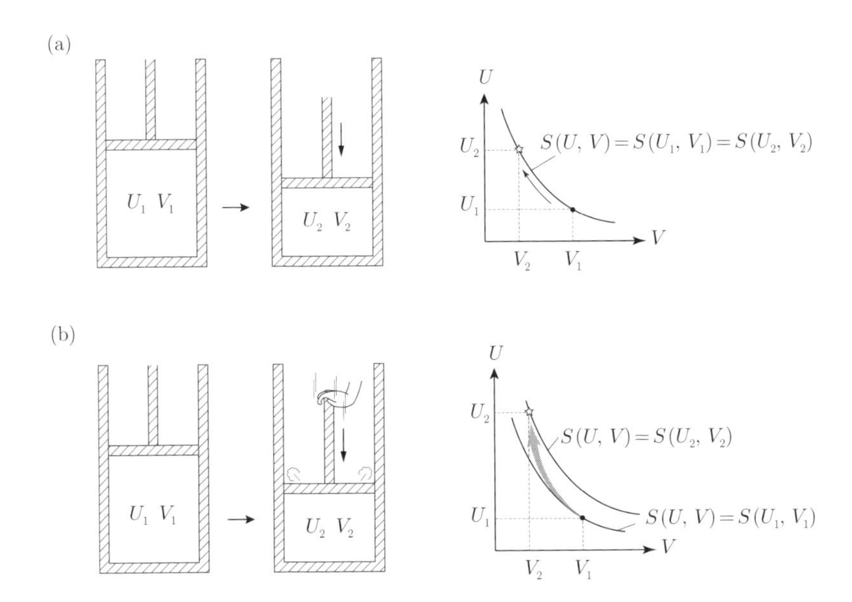

図 3.2　理想気体における 2 つの断熱過程の例．(a) は準静的断熱過程であり，エントロピーが $S(U,V)=S(U_1,V_1)=S(U_2,V_2)$ となって一定に保たれる．(b) は瞬時に圧力が変化したことによる断熱過程でありエントロピーが増加する．その右のグラフの下側の曲線は準静的断熱曲線であり，エントロピー一定曲線 $S(U,V)=S(U_1,V_1)$ に一致し，上側の曲線は増加したエントロピーに対応する準静的断熱曲線 $S(U,V)=S(U_2,V_2)>S(U_1,V_1)$ を表す．

【証 明】

I ($\Longleftarrow$)．上の命題の $\Longleftarrow$ を証明する．簡単さのため，単原子分子理想気体に対して証明する．気体の物質量 n [mol] を一定に保ち，内部エネルギーと体積を変化させる過程 $(n,U_1,V_1)\to(n,U_2,V_2)$ において $nR\log(n^{-\frac{5}{2}}U_1^{\frac{3}{2}}V_1)\le nR\log(n^{-\frac{5}{2}}U_2^{\frac{3}{2}}V_2)$ を仮定する．この過程を準静的断熱変化 $(n,U_1,V_1)\to(n,U,V_2)$ と始めと終わりの体積が同じ断熱変化 $(n,U,V_2)\to(n,U_2,V_2)$ の複合過程 $(n,U_1,V_1)\to(n,U,V_2)\to(n,U_2,V_2)$ で達成するとき，$U_1^{\frac{3}{2}}V_1=U^{\frac{3}{2}}V_2$ と仮定より $U\le U_2$ である．Planck の原理から過程 $(n,U,V_2)\to(n,U_2,V_2)$ は断熱過程として可能であり，全過程が断熱過程として可能である．上の証明における 2 つの状態変化を以下のような図式で表す．

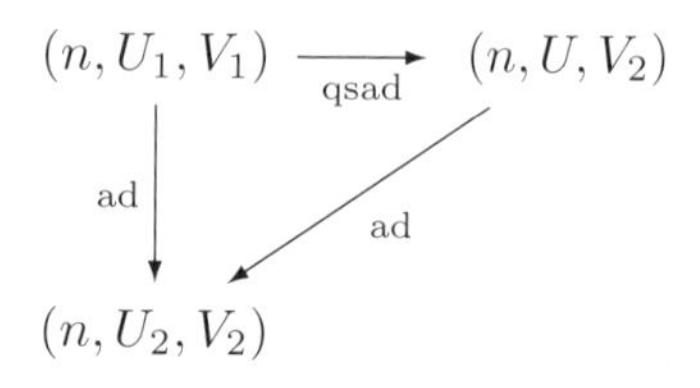

ただし，準静的断熱過程 (quasi-static adiabatic process) を qsad，一般の断熱過程 (adiabatic process) を ad と略記している．

II ($\Longrightarrow$). 上の命題の $\Longrightarrow$ を証明する．逆に $nR\log(n^{-\frac{5}{2}}U_1^{\frac{3}{2}}V_1) > nR\log(n^{-\frac{5}{2}}U_2{}^{\frac{3}{2}}V_2)$ となる断熱過程が達成できたと仮定する．準静的断熱過程 $(n, U_2, V_2) \to (n, U, V_1)$ では $U_2{}^{\frac{3}{2}}V_2 = U^{\frac{3}{2}}V_1$ なので，$U_1 > U$ となる断熱過程 $(n, U_1, V_1) \to (n, U, V_1)$ が達成され，Planck の原理に矛盾する．よって，この過程 $(n, U_1, V_1) \to (n, U_2, V_2)$ は断熱過程として不可能である．

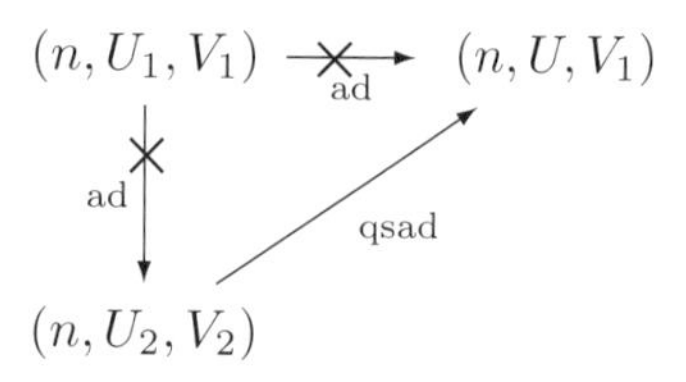

よって，理想気体に対する過程 $(n, U_1, V_1) \to (n, U_2, V_2)$ が断熱過程として可能であるための必要十分条件は，系のエントロピーがその前後で減少しないことである．証明終わり．

エントロピー増大の法則は任意の断熱過程に対して成り立つので，始状態と終状態の体積が一致するという制限された断熱過程に対して成り立つ Planck の原理の一般化であると考えると理解しやすい．

3.4　不可逆過程の例

以下では，始状態と定まった操作から終状態の定量的な予測が可能な不可逆過程の例題をいくつかあげる．

3.4.1 断熱自由膨張

例題　物質量 n，圧力 P，絶対温度 T，体積 V の単原子分子理想気体の内部エネルギーは $U = \frac{3}{2}nRT$，状態方程式は $PV = nRT$，エントロピーは $nR\log(n^{-\frac{5}{2}}U^{\frac{3}{2}}V)$ である．この気体が断熱自由膨張して体積が 2 倍になった．この変化 $V \to 2V$ で気体は仕事をしていないとするとき，始状態と終状態の間の絶対温度，内部エネルギーおよびエントロピーの変化を答えよ．

解答　自由膨張で気体は力学的仕事をしないので，変化の前後で内部エネルギーは変わらない．したがって，理想気体では絶対温度も変わらない．さらにエントロピーの変化は

$$nR\log(n^{-\frac{5}{2}}U^{\frac{3}{2}}2V) - nR\log(n^{-\frac{5}{2}}U^{\frac{3}{2}}V) = nR\log 2$$

となる．この断熱過程は準静的でないので，後の 3.5 節において示す Clausius 等式によってエントロピーの変化がないと誤解してはならない．

3.4.2 断熱環境下での定圧環境の瞬時の変化

例題　断熱材でできたシリンダーとピストンからなる容器が真空中におかれており，この中に単原子分子理想気体 1 mol が閉じ込められている．このシリンダーの断面積を A，ピストンの質量を M，重力加速度の大きさを g とする．ただし，気体にはたらく重力は無視する．気体に対し，ある操作を行った後，そのまま十分な時間放置すると，気体の圧力 P，体積 V，絶対温度 T は一定な値を示す．このとき，理想気体の状態方程式 $PV = RT$，が成り立ち，気体の内部エネルギーは $U = \frac{3}{2}RT$，エントロピーは $S = R\log(n^{-\frac{5}{2}}U^{\frac{3}{2}}V)$ で与えられる．次の問いに答えよ．

(1) 始めは図 3.3 の左図のように，ピストンの上に質量 m の重りがのせられており，気体は一定な値 $V = V_0$，$T = T_0$ を示していた．このとき温度 T_0 を体積 V_0 で表せ．

(2) 始めの状態からピストンの上の重りをすばやく取り去り，そのまま十分な時間放置すると気体は一定の値 $V = V_1$，$T = T_1$ を示した．すなわち，この過

程は定圧かつ断熱環境のもとで行われた．図 3.3 の右図にはこの過程の終った状態が図示されている．エネルギー保存の法則により V_0，T_0 と V_1，T_1 の間の関係を求め，温度を体積で表すことにより V_1 を V_0 で表せ．

(3) 問 (2) の過程による気体のエントロピーの変化を求め，エントロピー増大の法則が成り立つことを確かめよ．

(4) 問 (2) の終状態において重りをピストンの上に戻し静かに手をはなすとピストンは下がり始めた．そのまま十分な時間放置すると気体は一定の値 $V = V_2$，$T = T_2$ を示した．$T_0 < T_2$ であることを示せ．

（**注意**：解法は少なくとも 3 通りある．これまでと同様の定量的な計算以外に，エネルギーが増大したこと，または問 (3) の結果からエントロピーが増大したことに基づく 2 つの定性的で厳密な証明が可能である．）

(5) 問 (2) における操作において，重りを一度に取り去るかわりに，質量 m の重りを質量 m/N の重り N 個に分割し，分割した重りを 1 つ取り去った後十分な時間放置するという過程を N 回繰り返す．この N を大きくすると，この過程は準静的過程に近づいてゆく．$N \to \infty$ の極限をとったときエントロピーの変化を求めよ．

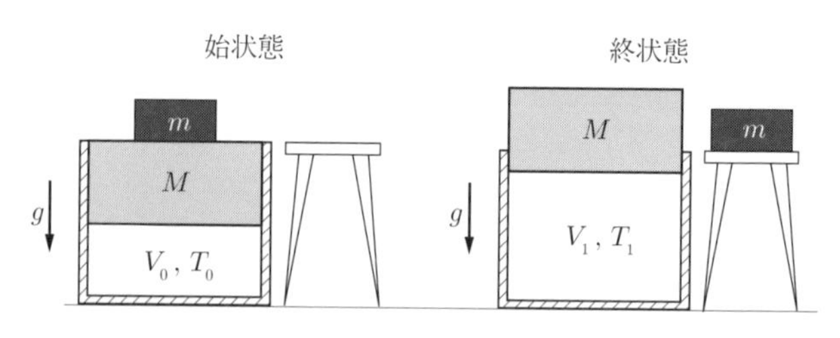

図 3.3　重りの取り去りによる急激な圧力の変化

解答　(1) 2 章 2.5.2 項の例題と (1)(2) は同じ問題である．その解答を参照して，重りがピストンに作用する力，ピストンにはたらく重力および気体から受ける力の釣り合い $P_0A = (M+m)g$，気体の状態方程式 $P_0V_0 = RT_0$ から，$T_0 = \frac{(M+m)gV_0}{RA}$，となる．

(2) 2 章の例題の解答を参照して，エネルギー保存から

$$\frac{3}{2}RT_0 + Mg\frac{V_0}{A} = \frac{3}{2}RT_1 + Mg\frac{V_1}{A}. \tag{3.5}$$

であり，温度を体積で表すことにより V_1 は

$$V_1 = \left(1 + \frac{3}{5}\frac{m}{M}\right) V_0.$$

また，この結果と力学的釣り合いと状態方程式を用いると過程の前後の温度には

$$(M+m)T_1 = (M + \frac{3}{5}m)T_0$$

の関係がある．今の過程は断熱過程であるから，これらの結果は拘束条件 (3.5) のもとで気体のエントロピー

$$S = R\log T_1^{\frac{3}{2}} V_1$$

を最大にする (T_1, V_1) に一致する．

(3) エントロピーの変化は

$$\Delta S = R\log(T_1^{\frac{3}{2}}V_1) - R\log(T_0^{\frac{3}{2}}V_0) = \frac{R}{2}\log\left[\left(1+\frac{3}{5}\frac{m}{M}\right)^5\left(1+\frac{m}{M}\right)^{-3}\right]$$

と求まる．任意の $a > 0$ に対して

$$(1+\frac{a}{5})^5 = 1+a+\frac{2}{5}a^2+\frac{2}{25}a^3+\frac{a^4}{5^3}+\frac{a^5}{5^5} > 1+a+\frac{1}{3}a^2+\frac{1}{27}a^3 = (1+\frac{a}{3})^3$$

であるから，$a = \frac{3m}{M}$ とおけば $\Delta S > 0$ が示される．

(4) 実験者が重りを持ち上げるだけの仕事を系に行っているので，系はそれだけのエネルギーを受け取る．気体の圧力は始めの状態と変わらないことから，T_2，V_2 は比例関係にあり $T_2 > T_0$，$V_2 > V_0$ でなければならない．

(5) 2.5.2 項の例題 (3) より，重りを細かく分割していく極限によって，準静的断熱曲線 $T^{\frac{3}{2}}V =$ 一定，が得られるので，この極限でエントロピーは変化しない．

3.5　一般の系のエントロピー

3.5.1　理想気体における Clausius 等式

絶対温度 T における準静的等温過程によって単原子分子理想気体が吸収した熱を $d'Q$ とするとき，系のエントロピー S の変化は次の Clausius（クラウジウス）等式を満たす．

$$dS = \frac{d'Q}{T} = \frac{dU + PdV}{T}.$$

【証 明】

準静的な変化 $(n, U, V) \to (n, U + dU, V + dV)$ に対して $S = nR\log(n^{-\frac{5}{2}}U^{\frac{3}{2}}V)$ の変化は

$$dS = \left(\frac{\partial S}{\partial U}\right)_V dU + \left(\frac{\partial S}{\partial V}\right)_U dV = \frac{3}{2}nR\frac{dU}{U} + nR\frac{dV}{V},$$

絶対温度 T 圧力 P の単原子分子理想気体に対して内部エネルギーは $U = \frac{3}{2}nRT$ であり，状態方程式は $PV = nRT$ であるから

$$dS = \frac{dU + PdV}{T}.$$

証明終わり．

注意　Clausius 等式は単原子分子以外の理想気体に対しても成り立つ．3 章の問題，問 3.2 を参照すること．

図 3.4　Clausius

例題 （理想気体からなる複合系の準静的断熱変化とエントロピーの不変性）
Clausius 等式によれば 1 つの容器に閉じ込められた理想気体の準静的断熱過程に対して，エントロピーが不変であることは明らかであり，同様に，複数の容器の中の理想気体の間に力学的接触や熱的接触がない場合にも全エントロピーの不変性は明らかである．ここでは，図 3.5 のように，全体は断熱環境にあるが，各容器の間に力学的接触や熱的接触がある場合にもエントロピーが不変であることを示す．全部で k 個の容器があり，j 番目の容器には物質量 n_j，内部エネルギー U_j，体積 V_j，エントロピー $S_j(n_j, U_j, V_j)$ の理想気体が閉じ込められている．この系の任意の準静的断熱過程に対して全エントロピー

$$\sum_{j=1}^{k} S_j(n_j, U_j, V_j),$$

は一定に保たれることを示せ．

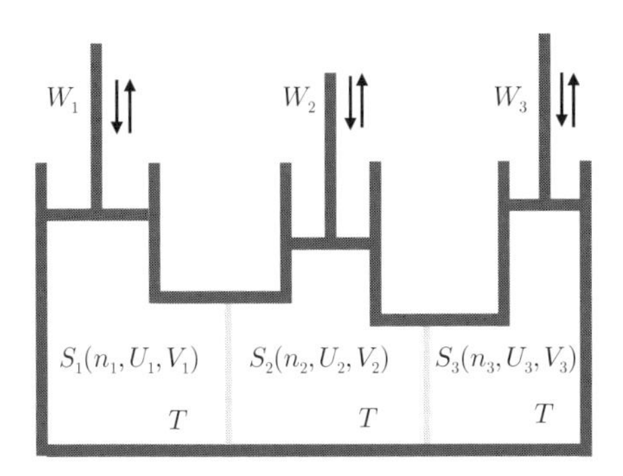

図 3.5 力学的熱的な接触がある 3 つの容器に閉じ込められた気体に対する任意の準静的断熱過程において全エントロピー $S_1(n_1, U_1, V_1) + S_2(n_2, U_2, V_2) + S_3(n_3, U_3, V_3) =$ 一定となる．各容器は熱を透過する可動壁によって仕切られていて，気体の間では力学的仕事や熱の移動が許されている．一方，外とは力学的仕事の出入りのみが許されている．

解答 気体の間に力学的接触や熱的接触がある場合，それらの容器の中の気体の絶対温度が一致していなければ準静的に変化できないから，絶対温度は常に一致しているとしてよい．微小な断熱変化に対して，j 番目の容器の気

体の吸収した熱を $d'Q_j$ とするとき

$$\sum_{j=1}^{k} d'Q_j = 0,$$

である．また，この断熱変化が準静的であれば各気体のエントロピーの変化は Clausius 等式により

$$dS_j = \frac{d'Q_j}{T},$$

である．以上のことから，エントロピーの変化は

$$\sum_{j=1}^{k} dS_j = \sum_{j=1}^{k} \frac{d'Q_j}{T} = 0,$$

と得られる．有限な準静的断熱過程 $(n_j, U_j, V_j) \to (n_j, U'_j, V'_j)$ に対して，過程の途中でも常に平衡状態であるからエントロピーの変化は積分で表すことができ

$$\sum_{j=1}^{k} [S_j(n_j, U'_j, V'_j) - S_j(n_j, U_j, V_j)] = \sum_{j=1}^{k} \int \frac{d'Q_j}{T} = 0,$$

となる．このように複数の容器に閉じ込められ，お互いに力学的および熱的に接触している系において，任意の準静的断熱過程に対してエントロピーは不変である．

3.5.2　一般の気体における Clausius 等式

絶対温度 T における準静的等温過程によって系が吸収した熱を $d'Q$ とするとき，系のエントロピー S の変化は次の Clausius 等式を満たす．

$$dS = \frac{d'Q}{T} = \frac{dU + PdV}{T}.$$

【証 明】

考えている一般の気体からなる系と理想気体からなる系は熱を透過する可動壁で接触し，常に平衡状態にあるとする（図 3.6）．これら 2 つの複合系を断熱環境におくとき，任意の準静的変化に対して複合系のエントロピーは 3.2 節で与えたエントロピーの定義により不変である．このとき，考えている系の吸収

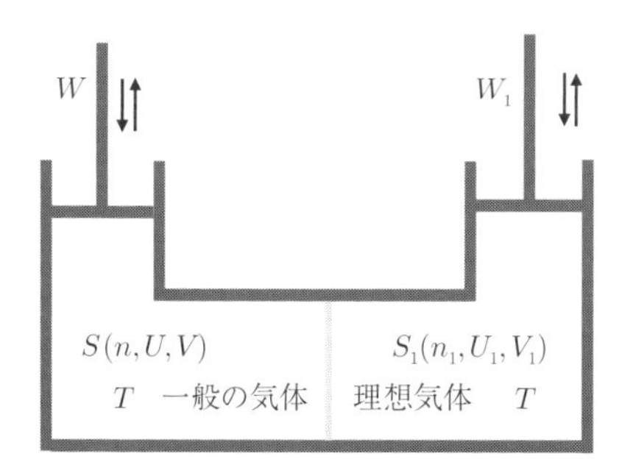

図 3.6　一般の気体のエントロピー $S(n,U,V)$ に対する Clausius 等式の証明：容器に閉じ込められた一般の気体 (n,U,V) と理想気体 (n_1,U_1,V_1) は力学的および熱的に接触している．2 つの容器は熱を透過する可動壁によって仕切られていて，気体の間では力学的仕事や熱の移動が許されている．一方，外とは力学的仕事の出入りのみが許されている．任意の準静的断熱過程において，全系の吸収する熱は 0 であり，全エントロピー $S(n,U,V)+S_1(n_1,U_1,V_1)=$ 一定となる．

した熱と理想気体の放出した熱は等しく，考えている系のエントロピーの増加分は理想気体のエントロピーの減少した値に等しい．この過程に対する理想気体のエントロピーの変化は Clausius 等式を満たすから，考えている系のエントロピーも Clausius 等式を満たす．証明終わり．

3.5.3　熱力学的温度

一般の系に対する Clausius 等式から，次の 2 式

$$\left(\frac{\partial S}{\partial U}\right)_V = \frac{1}{T}, \qquad \left(\frac{\partial S}{\partial V}\right)_U = \frac{P}{T},$$

が得られる．第 1 式から定まる温度は熱力学的温度とよばれる．熱力学的温度は温度計ごとに定まる経験温度の目盛りと必ずしも一致するわけではないが，理想気体の絶対温度に一致する．

● エントロピーの単調性

上式でエントロピーの偏微分の右辺は正であるから，エントロピーは内部エネルギーと体積の一方を一定にしたとき強い意味で単調増加である．また，エントロピー $S(n,T,V)$ は物質量 n と体積 V を一定としたとき温度 T の関数としても単調増加である．系の定積熱容量は負にならないから，

$$T\left(\frac{\partial S}{\partial T}\right)_V = C_V \geq 0.$$

よって，エントロピーは体積 V を一定としたとき温度 T の単調増加関数であるが，右辺がゼロになることもある．

これらによって，理想気体の場合と同様に一般の気体に対しても，エントロピー増大の法則が証明できる．

3.5.4　エントロピー増大の法則

系がある始状態からある終状態に断熱過程で到達できるための必要十分条件は，系のエントロピーがその前後で減少しないことである（これも熱力学第2法則の一つの表現である）．

この法則を図式で表すと，理想気体のものとまったく同じ形をしていることがわかる．

エントロピー増大の法則

断熱過程 $(n, U_1, V_1) \to (n, U_2, V_2)$ が存在

$$\Longleftrightarrow \quad S(n, U_1, V_1) \leq S(n, U_2, V_2)$$

【証明】

I $(\Longleftarrow)$．上の命題の $\Longleftarrow$ を証明する．物質量 n [mol] を一定に保ち，内部エネルギーと体積を変化させる任意の過程 $(n, U_1, V_1) \to (n, U_2, V_2)$ において $S(n, U_1, V_1) \leq S(n, U_2, V_2)$ を仮定する．理想気体の場合と同様に，この過程を準静的断熱変化 $(n, U_1, V_1) \to (n, U, V_2)$ と始状態と終状態の体積を一致させた変化 $(n, U, V_2) \to (n, U_2, V_2)$ で達成する．体積一定でのエントロピーは内部エネルギーについて単調増加であるから $S(n, U, V_2) \leq S(n, U_2, V_2)$ と条件 $U \leq U_2$ は同等である．準静的断熱過程での $S(n, U_1, V_1) = S(n, U, V_2)$ と始状態と終状態の体積を一致させた断熱変化の Planck の原理（内部エネルギー増大原理）から全過程 $(n, U_1, V_1) \to (n, U, V_2) \to (n, U_2, V_2)$ が断熱変化として可能である．上の証明における2つの状態変化を以下のような図式で表す．

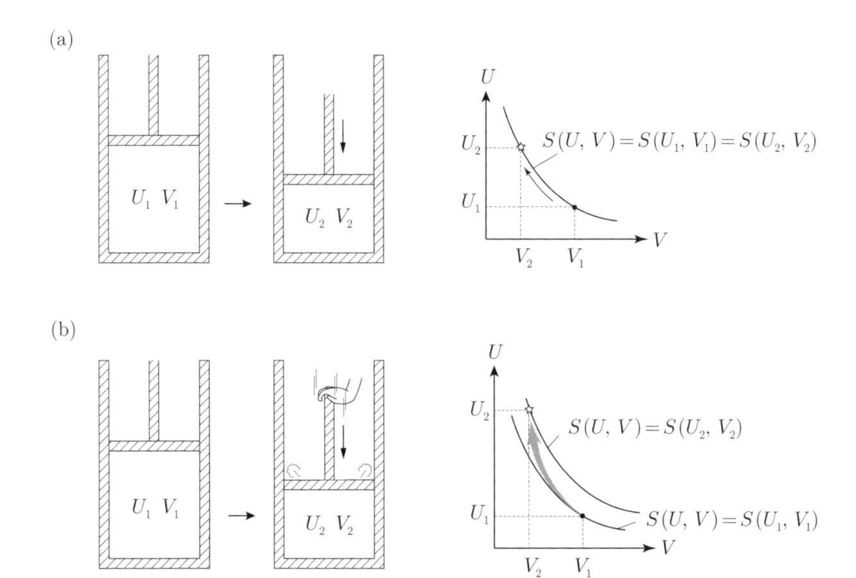

図 3.7　一般の気体に対する 2 つの断熱過程の例．(a) は準静的断熱過程であり，エントロピーが $S(U,V) = S(U_1,V_1) = S(U_2,V_2)$ となって一定に保たれる．(b) は瞬時に圧力が変化したことによる断熱過程でありエントロピーが増加する．その右のグラフの下側の曲線は準静的断熱曲線であり，エントロピー一定曲線 $S(U,V) = S(U_1,V_1)$ に一致し，上側の曲線は増加したエントロピーに対応する準静的断熱曲線 $S(U,V) = S(U_2,V_2) > S(U_1,V_1)$ を表す．

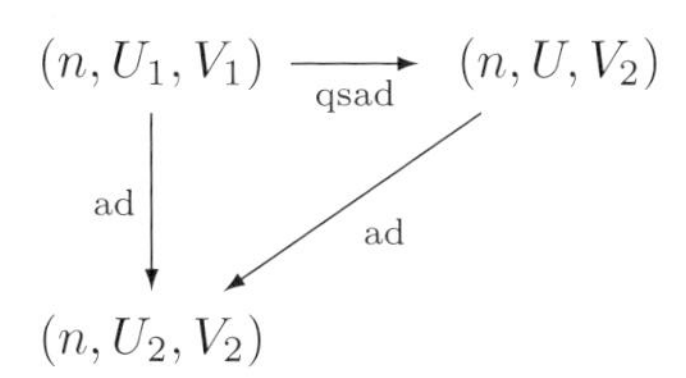

ただし，準静的断熱過程 (quasi-static adiabatic process) を qsad，一般の断熱過程 (adiabatic process) を ad と略記している．

II ($\Longrightarrow$).　上の命題の $\Longrightarrow$ を証明する．逆に $S(n,U_1,V_1) > S(n,U_2,V_2)$ を仮定する．理想気体の場合と同様に，$(n,U_2,V_2) \to (n,U,V_1)$ を準静的断熱過程とすると，$S(n,U_1,V_1) > S(n,U_2,V_2) = S(n,U,V_1)$ である．この準静的断熱過程を付け加えた過程 $(n,U_1,V_1) \to (n,U_2,V_2) \to (n,U,V_1)$ においてエン

トロピーの単調性は $U_1 > U$ を意味するので，Planck の原理（内部エネルギー増大原理）に矛盾し，この過程が断熱変化として不可能であることがわかる．

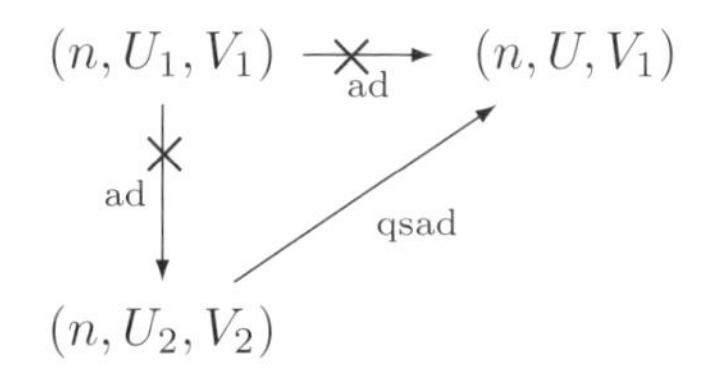

よって，過程 $(n, U_1, V_1) \to (n, U_2, V_2)$ が断熱過程として可能であるための必要十分条件は，系のエントロピーがその前後で減少しないことである．証明終わり．

エントロピー増大の法則は任意の断熱過程に対して成り立つので，始状態と終状態の体積が一致するという制限された断熱過程に対して成り立つ Planck の原理の一般化であると考えると理解しやすい．

3.6　複合系の不可逆過程

以下では複合系の不可逆過程を考え，そのような系でもエントロピー増大の法則が成り立っていることを確かめよう．

3.6.1　平衡状態とエントロピー極大

始め，固定された断熱壁で 2 つに仕切られた断熱容器中の理想気体が (P_1, U_1, V_1)，(P_2, U_2, V_2) で平衡状態にあった．次に，断熱壁を熱が透過する可動壁に置き換えると気体の体積が変化し，やがて平衡状態となった（図 3.8）．2 つの系の終状態をそれぞれ (P_1', U_1', V_1')，(P_2', U_2', V_2') とすると，$U_1' + U_2' = U_1 + U_2 =$ 一定，$V_1' + V_2' = V_1 + V_2 =$ 一定であるから $dU_1' + dU_2' = 0$，$dV_1' + dV_2' = 0$，である．終状態直前の変化は準静的であるからエントロピーの変化は Clausius 等式より

$$dS = \frac{dU_1' + P_1' dV_1'}{T_1'} + \frac{dU_2' + P_2' dV_2'}{T_2'} = \left(\frac{1}{T_1'} - \frac{1}{T_2'}\right) dU_1' + \left(\frac{P_1'}{T_1'} - \frac{P_2'}{T_2'}\right) dV_1'.$$

絶対温度と圧力が等しくなり系が平衡状態になるので，そこではエントロピーが極値をとる．エントロピー増大の法則により，この極値は極大値である．

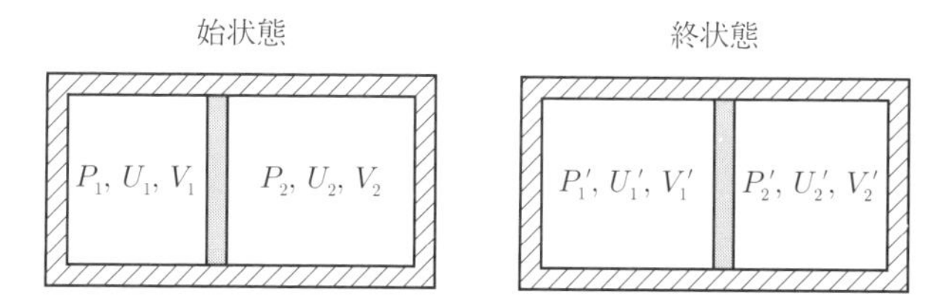

図 3.8　左の図は固定された断熱仕切りを熱を透過する可動壁に置き換えた瞬間の始状態を表している．右図は十分時間が経って得られた系の平衡状態である終状態を表す．

以下では理想気体による具体例を考えよう．

3.6.2　接触した 2 つの容器中の理想気体

例題　物質量 n，圧力 P，絶対温度 T，体積 V の単原子分子理想気体の内部エネルギーは $U = \frac{3}{2}nRT$ であり，状態方程式は $PV = nRT$，エントロピーは $nR\log(n^{-\frac{5}{2}}U^{\frac{3}{2}}V)$ である．単原子分子理想気体を閉じ込めた 2 つの容器が断熱壁でおおわれている．始め，2 つの容器は断熱壁で仕切られていて，それぞれの気体の物質量はどちらも n [mol]，絶対温度は T_1，T_2，体積は V_1，V_2 で平衡状態にあった．次の問いに答えよ．

(1) 断熱壁を熱が透過する固定された壁に置き換え放置するとそれぞれの気体の物質量と体積はそのままで，絶対温度は等しく T となり，平衡状態となった．このときの T を求めよ．またこのとき，この系のエントロピーは，それぞれの物質量，それぞれの体積，全内部エネルギー一定の条件のもとに最大になっていることを示せ．

(2) また，同じ始状態に対して，2 つの系を隔てる透過壁がピストンとして動く場合について同じ問題に答えよ．

解答　(1) 内部エネルギーは保存しているので，

$$\frac{3}{2}nRT_1 + \frac{3}{2}nRT_2 = \frac{3}{2}nRT + \frac{3}{2}nRT,$$

これより

$$T = \frac{T_1 + T_2}{2}$$

と求まる．これによりエントロピーの変化は

$$2nR\log T^{\frac{3}{2}} - nR\log T_1^{\frac{3}{2}} - nR\log T_2^{\frac{3}{2}} = 3nR\log\frac{T}{\sqrt{T_1T_2}},$$

となる．$T_1 \neq T_2$ であれば，相加平均は相乗平均より大きいため，右辺は正である．また，途中で断熱壁を戻して十分な時間放置し平衡状態にした場合を考える．この場合でも，終状態の全内部エネルギーは保存しているため，

$$U_1 + U_2 = E,$$

が成り立つ．この条件のため，このようにして得られた終状態のエントロピーは 1 変数 U_1 の次のような関数となる．

$$S(U_1) = nR\log n^{-\frac{5}{2}}U_1^{\frac{3}{2}}V_1 + nR\log n^{-\frac{5}{2}}(E - U_1)^{\frac{3}{2}}V_2.$$

このエントロピーを最大にする U_1 は，両辺を U_1 で微分して 0 とおくことにより，

$$0 = S'(U_1) = \frac{3}{2}nR\left(\frac{1}{U_1} - \frac{1}{E - U_1}\right),$$

となり極値が $U_1 = \frac{E}{2} = U_2$ と求まる．$0 < U_1 < E$ で $S(U_1)$ の増減表を書くと，

U_1	$\cdots$	$\frac{E}{2}$	$\cdots$
$S'(U_1)$	$+$	0	$-$
$S(U_1)$	↗	最大	↘

$U_1 = \frac{E}{2}$ における極値は $S(U_1)$ の最大値を与えることがわかる．よって，エントロピーを最大にする内部エネルギーは接触したまま十分な時間放置して平衡状態にした場合の $T_1 = T_2$ を与える．

(2) 透過壁が動く場合でも，それぞれの体積の和

$$V_1 + V_2 = V$$

は一定であるという条件がある．これによって，理想気体のエントロピーは

(U_1, V_1) となり，

$$S(U_1,V_1) = nR\log n^{-\frac{5}{2}}U_1^{\frac{3}{2}} + nR\log n^{-\frac{5}{2}}(E-U_1)^{\frac{3}{2}} + nR\log V_1 + nR\log(V-V_1).$$

このように，内部エネルギー U_1 に依存する項と体積 V_1 に依存する項の単純な和になっている．このため，それぞれの項を最大にすれば，全体が最大になる．よって，内部エネルギーに依存する項を最大化する U_1 は透過壁が動かない場合と同じであり，一方，エントロピーの体積に依存する項

$$nR\log V_1 + nR\log(V-V_1)$$

は $V_1 = \frac{V}{2}$ において最大値をとる．エントロピーを最大にする状態は，どちらの絶対温度も T で同じであることと，それぞれの状態方程式

$$P_1 = \frac{nRT}{\frac{V}{2}} = P_2,$$

により，同じ圧力であることがわかる．

3.6.3　気体の混合

例題　断熱壁でおおわれた 2 つの容器のそれぞれに種類の異なる単原子分子理想気体を閉じ込めた．2 つの容器は断熱壁で仕切られ，どちらの気体も物質量 n [mol]，絶対温度 T，体積 V で平衡状態にあった．断熱壁を取り払い 2 種の気体を混合させ，再び熱平衡状態になったとき，全系のエントロピーの変化を求めよ．また，気体が同種の場合はどうなるか．

解答　単原子分子理想気体のエントロピーは，内部エネルギーのかわりに絶対温度を用いて $nR\log((\frac{3}{2}RT)^{\frac{3}{2}}V/n)$ と書くことができる．異種気体の場合，壁を取り払うことによるそれぞれの変化は $(n,T,V;n,T,V) \to (n,T,2V;n,T,2V)$ であるから，エントロピーの変化は

$$2nR\log T^{\frac{3}{2}}2V/n - 2nR\log T^{\frac{3}{2}}V/n = 2nR\log 2$$

となる．一方，同種気体では，$(n, T, V; n, T, V) \to (2n, T, 2V)$ となって，この過程によるエントロピーの変化は

$$2nR\log T^{\frac{3}{2}}(2V/2n) - 2nR\log T^{\frac{3}{2}}V/n = 0,$$

となる．

3.7　完全な熱力学関数

定義（完全な熱力学関数）

ある熱力学関数によって系の状態方程式が得られ，定積熱容量が体積と絶対温度の関数として任意性なく定まるとき，その熱力学関数は完全であるという．

● エントロピー $S(U, V)$ の完全性

内部エネルギー U と体積 V の関数としてのエントロピー $S(U, V)$ は完全である．一方，絶対温度 T と体積 V の関数としてのエントロピー $S(T, V)$ は完全な熱力学関数ではない．

【証明】

Clausius 等式から次の 2 式

$$\left(\frac{\partial S}{\partial U}\right)_V = \frac{1}{T}, \qquad \left(\frac{\partial S}{\partial V}\right)_U = \frac{P}{T},$$

が得られる．第 1 式から内部エネルギー U は温度と体積の関数として定まるので，定積熱容量

$$C_V = \left(\frac{\partial U}{\partial T}\right)_V$$

が温度と体積の関数として得られる．また，U を第 2 式から消去すると，状態方程式が得られる．よって，エントロピー $S(U, V)$ は完全である．一方，$S(T, V)$ からは次の 2 式が得られる．

$$\left(\frac{\partial S}{\partial T}\right)_V = \frac{1}{T}\left(\frac{\partial U}{\partial T}\right)_V, \qquad \left(\frac{\partial S}{\partial V}\right)_T = \frac{1}{T}\left(\frac{\partial U}{\partial V}\right)_T + \frac{P}{T},$$

第 1 式から定積熱容量が定まるが，第 2 式は未知の関数との和が得られているだけで圧力を定めることができない．したがって，$S(T,V)$ は完全ではない．証明終わり．

（エントロピー $S(U,V)$ の重要性）　1 つの完全な熱力学関数は最大の情報をもち，系のすべての熱力学的性質を決定する．たとえば，物質量，内部エネルギー，体積の関数としてのエントロピー $S(n,U,V)$ は完全であり，すべての状態量の間の関係を決定する．状態方程式が与えられても系の熱容量は決定できないことに注意しよう．エントロピー増大の法則によってエントロピーは系の変化の向きを定めているという重要事項に加え，完全な熱力学関数であるという意味で熱力学の根本を支える非常に重要な関数である．

系の物質量と体積を一定にするとき，エントロピー S は温度 T の単調増加関数であるから，S と T は 1 対 1 に対応する．したがって内部エネルギー $U(T,V)$ を T のかわりに S の関数として $U(S,V)$ のように表すことができる．このとき，この関数の完全性を示すことができる．

● 内部エネルギー $U(S,V)$ の完全性

エントロピー S と体積 V の関数 $U(S,V)$ は完全である．

【証 明】

Clausius 等式 $TdS = dU + PdV$ より

$$\left(\frac{\partial U}{\partial S}\right)_V = T, \qquad \left(\frac{\partial U}{\partial V}\right)_S = -P,$$

である．第 1 式左辺は (S,V) の関数であるから，$S(T,V)$ を知ることができる．それによって定積熱容量が定まり，また，第 2 式から圧力を決定できるから，$U(S,V)$ は完全である．証明終わり．

一方，$U(T,V)$ から定積熱容量は計算できるが，圧力 P は 5 章で証明する次のエネルギー方程式

$$\left(\frac{\partial U}{\partial V}\right)_T = -P + T\left(\frac{\partial P}{\partial T}\right)_V.$$

に従う．これは微分方程式なので P を定めるには積分定数の任意性がある．よって $U(T,V)$ は完全ではない．

3 章の問題

問 3.1　単原子分子理想気体 n [mol] の準静的断熱過程 $(U_1, V_1) \to (U_2, V_2)$ において，U_2 を U_1，V_1，V_2 で表せ．

問 3.2　2 原子分子および多原子分子理想気体の定積モル比熱をそれぞれ $c_V = \frac{3}{2}R$，$c_V = 3R$ として，それぞれに対するエントロピーの表式を求めよ．また求めたエントロピーが Clausius 等式を満たすことを示せ．

問 3.3　単原子分子理想気体が断熱変化 $(n, U, V) \to (n, U', V')$ を行うときエントロピー増大の法則とエントロピー $nR\log(n^{-\frac{5}{2}}U^{\frac{3}{2}}V)$ を用いて，(U', V') に対する条件を答えよ．

問 3.4　単原子分子理想気体 1mol が始め体積 V_1 の箱の中に，温度 T_1 で閉じ込められていた．この系を準静的に変化させ終状態が体積 $2V_1$，温度 T_1 になった．次の 2 つの経路に対する系が受け取る熱 $\Delta Q = \int d'Q$ とエントロピーの変化を Clausius 等式 $\Delta S = \int \frac{d'Q}{T}$ で計算し，ΔQ は一致しないが，ΔS は一致することを確かめよ．

(1) 等温膨張によって体積を 2 倍にする．

(2) 断熱膨張によって体積を 2 倍にし，体積をそのまま保って加熱し温度を T_1 に戻す．（**ヒント**：断熱膨張でどれだけ温度が下がるか計算せよ．）

問 3.5　断熱自由膨張によって 1 mol の単原子分子理想気体の体積が 2 倍になるとき，エントロピーの増加は $R\log 2$ である．このことを Clausius 等式によって説明せよ．

問 3.6　完全な熱力学関数としての単原子分子理想気体のエントロピー $S(n, U, V) = nR\log(n^{-\frac{5}{2}}U^{\frac{3}{2}}V)$ から圧力と定積熱容量を温度と体積の関数として求めよ．

問 3.7　完全な熱力学関数としての単原子分子理想気体の内部エネルギー $U(n, S, V)$ を求め，それから圧力と定積熱容量を温度と体積の関数として求めよ．

問 3.8　3.4.2 項の例題において，ピストンと気体からなる系の終状態のエネルギー $MgV_1/A+U_1$ が始状態と等しく一定であるという条件のもとでは気体のエントロピーが U_1 の 1 変数関数として表される．このとき実際に終状態として実現する U_1 の値はエントロピーの最大値を与えることを示せ．

問 3.9　3.6.2 項の例題において，2 つの容器の理想気体の物質量がそれぞれ n_1，n_2 [mol] である場合を考える．このとき，次の問いに答えよ．

(1) 始め 1 番目の容器内の理想気体の状態が (n_1, T_1, V_1)，2 番目の容器内の理想気体の状態が (n_2, T_2, V_2) であり，両者を隔てていた断熱壁を熱を透過する透過壁に置き換えて十分な時間が経つとそれぞれの終状態は (n_1, T, V_1)，(n_2, T, V_2) となった．この過程の前後で全体の内部エネルギーは変化しないとして終状態の絶対温度 T を求めよ．

(2) この過程における，それぞれの容器の中の気体のエントロピーの変化を求めよ．物質量 n [mol]，内部エネルギー $U=\frac{3}{2}nRT$，体積 V の理想気体のエントロピーが公式

$$S(n,U,V)=nR\log n^{-\frac{5}{2}}U^{\frac{3}{2}}V$$

で与えられることを用いてよい．

(3) 2 番目の容器の気体のモル体積 $v_2=\frac{V_2}{n_2}$ が有限に存在するように無限体積極限 $n_2\to\infty$，$V_2\to\infty$ をとるとき，問 (1) で定義された過程は，1 番目の容器の気体にとって容積 V_1 の定積環境下で絶対温度 T_2 の熱浴に接触させることに対応する．この極限における T とそれぞれの容器の気体のエントロピーの変化を求めよ．

問 3.10　置き換えた透過壁が自由に動く場合に対し，前問を解答せよ．この場合に 2 番目の容器の気体モル体積 $v_2=\frac{V_2}{n_2}$，$v_2'=\frac{V_2'}{n_2}$ が有限に存在するように無限体積極限をとると，1 番目の容器の気体を圧力 $P_2=\frac{RT_2}{v_2}$ の定圧環境で絶対温度 T_2 の熱浴に接触させることに対応する．

第4章

熱機関

この章では熱機関について述べる．熱機関はある始状態にある気体などの作業物質に熱を吸収させ，その熱を外への力学的仕事に変換させ，終状態が元の始状態となるサイクル過程（= 周期過程）を行う機関である．Carnot（カルノー）サイクルは典型的な熱機関であり，熱機関の効率について考察するための一例を与えている．

4.1 Kelvin（ケルビン）の原理

これまで述べてきた第2法則の結果は，次の Kelvin の原理を前提として証明されることが多いが，ここでは Planck の原理（内部エネルギー増大の原理）を前提として Kelvin の原理を証明する．

Kelvin の原理

熱機関の1周期のサイクル過程において，熱機関が1つの熱源から吸収した正の熱すべてを正の力学的仕事にして始状態に戻ることは不可能である（熱力学第2法則の一表現）．

【証明】

Kelvin の原理の否定が成り立てば，Planck の原理に矛盾することを示す．サイクル熱機関の作業物質を系1とし，ある気体からなる系を系2とする．系1と系2を熱的に結合させ，全体を断熱環境におく．系2は十分に大きな系であり，系1と熱的に結合して平衡状態となっても，系2の絶対温度は測定精度内で一定となるため熱源と考えてよいとする．系1の始状態は内部エネルギー

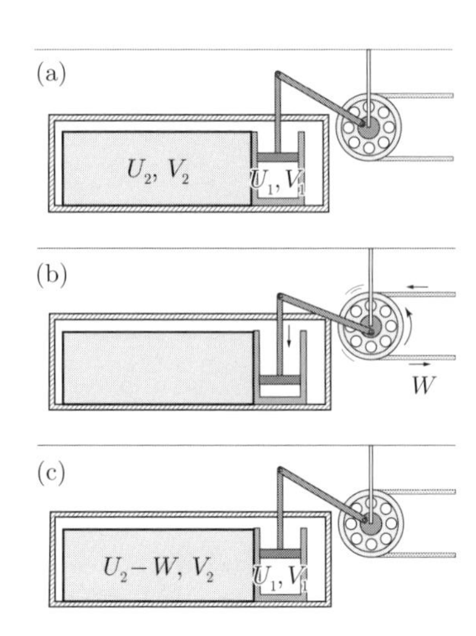

図 4.1　Kelvin の原理の証明に登場する仮想的なサイクル熱機関．(a) シリンダーとピストンからなる容器内に始状態 (U_1, V_1) で閉じ込められた作業物質が，始状態 (U_2, V_2) の気体と接触する．(b) 気体から吸収した熱 W を力学的仕事に変換する．(c) 作業物質の終状態は始状態 (U_1, V_1) に戻ると仮定すると，気体の終状態は $(U_2 - W, V_2)$ となる．全系の内部エネルギーは $-W$ だけ変化し，Planck の原理によって $W > 0$ となることは不可能である．

と体積 (U_1, V_1) であり，系 2 の始状態は内部エネルギーと体積 (U_2, V_2) で与えられるとする．全系は始状態 $(U_1, V_1; U_2, V_2)$ から，系 1 が系 2 から吸収した熱を力学的仕事 $W > 0$ に変換し，元の始状態に戻るならば，全系の終状態は $(U_1, V_1; U_2 - W, V_2)$ となる．この過程による全体の内部エネルギーの変化は $-W$ であるから，Planck の原理（内部エネルギー増大の原理）に矛盾する．したがって，サイクル熱機関が 1 つの熱源から吸収した正の熱すべてを正の力学的仕事にすることは不可能である（図 4.1）．証明終わり．

注意　理論的には，系 2 の絶対温度が正確に一定な熱源であるとするために，系 2 の無限体積極限をとる．この極限で系 2 は絶対温度が精密に一定に保たれた熱源となる．したがって，任意の絶対温度に制御された熱源との平衡状態を始状態とする作業物質をもつサイクル熱機関において Kelvin の原理が成り立つと結論できる．この事実は以下の例題で確かめることができる．

図 4.2 Kelvin

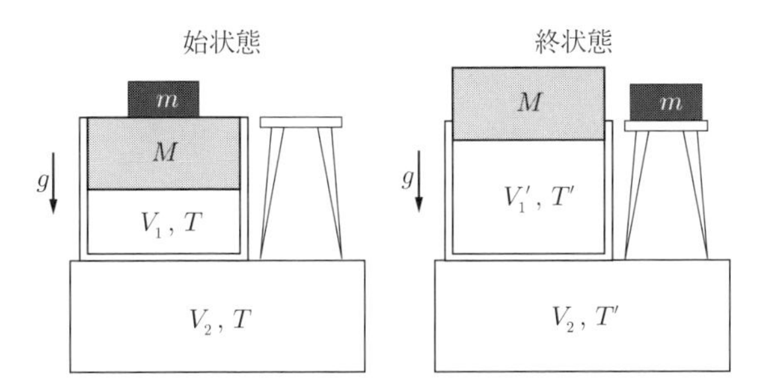

図 4.3 重りの取り去りによる急激な圧力の変化（始状態：シリンダーとピストンからなる容器は，系 2 と接触し絶対温度 T で平衡状態となっている）.

例題 Kelvin の原理の証明に現れる過程を,「3.4.2, 断熱環境下での定圧環境の瞬時の変化, 例題」によって考える. この系を理想気体からなる 2 つの有限系に拡張し, 一方の系の無限体積極限を考察する. 熱を透過することができるシリンダーと質量 M, 断面積 A のピストンからなる容器が真空中におかれ, 始めピストンの上には質量 m の重りがのせられていて, 単原子分子理想気体 n_1 [mol] が体積 V_1 で閉じ込められている. この気体を熱機関の作業物質と考え, 系 1 とする. 重力加速度の大きさを g とし, 気体にはたらく重力は無視する. また, 体積 V_2 に固定された単原子分子理想気体 n_2 [mol] を系 2 とし, 系 1 と系 2 は熱的に結合し, 始めは絶対温度 T で平衡状態にあるとする（図 4.3）. 以下の問いに答えよ.

(1) 重りを静かに取り除くとピストンは上昇し, やがて全系は絶対温度 T' で平衡状態になった. この過程を過程 A とする. 気体の絶対温度 T' と過程 A で気体がピストンに行った仕事 $W_{\rm A}$ を n_1, n_2, T, M, m で表し, $n_2 \to \infty$ の極限で $T' = T$ となることを示せ.

(2) 次に，重りを静かにピストンの上に戻すとピストンは下降し，やがて絶対温度 T'' で平衡状態になった．この過程を過程 B とする．絶対温度 T'' と，過程 A，B で気体がピストンに行った仕事 W_{AB} を n_1，n_2，T，M，m で表し，$W_{\mathrm{AB}} < 0$ を示せ．また，$n_2 \to \infty$ の極限で $T'' = T$ であること，および，W_{AB} を求め，Kelvin の原理を確認せよ．

解答　(1) この過程による系 1 の終状態の圧力，絶対温度，体積を (P_1', T', V_1') とする．重りを外した瞬間の全系の内部エネルギーと，終状態の内部エネルギーと系 1 の行った力学的仕事の和は次のように等しい．

$$\frac{3}{2}n_1RT + \frac{3}{2}n_2RT = \frac{3}{2}n_1RT' + \frac{3}{2}n_2RT' + \frac{Mg(V_1' - V_1)}{A}. \tag{4.1}$$

また，系 1 のピストンおよび重りの重力と気体の圧力の力の釣り合いから

$$P_1A = (M+m)g, \quad P_1'A = Mg,$$

が成り立ち，さらに状態方程式によって

$$P_1V_1 = n_1RT, \quad P_1'V_1' = n_1RT',$$

が成り立つ．これらによって

$$\frac{(M+m)gV_1}{A} = n_1RT, \quad \frac{MgV_1'}{A} = n_1RT',$$

となる．この関係から，式 (4.1) における V_1，V_1' を消去すると

$$\frac{3}{2}n_1RT + \frac{3}{2}n_2RT = \frac{3}{2}n_1RT' + \frac{3}{2}n_2RT' + n_1RT' - \frac{Mn_1RT}{M+m}.$$

これから T' は

$$T' = \frac{(5M+3m)(M+m)^{-1}n_1 + 3n_2}{5n_1 + 3n_2}T.$$

$n_2 = 0$ とすると，3.4.2 項，例題の解答に一致し，$n_2 \to \infty$ とすれば $T' = T$ となる．この過程で系 1 の行った仕事は，式 (4.1) と上式によって，

$$W_{\mathrm{A}} = \frac{3}{2}(n_1 + n_2)R(T - T') = \frac{3m}{M+m}\frac{n_1(n_1+n_2)}{5n_1+3n_2}RT$$

である．$n_2 \to \infty$ の極限で

$$W_{\mathrm{A}} = \frac{m}{M+m} n_1 RT$$

となって，n_1 に比例することがわかる．この問題は，後に解説する 4.2.1 項例題 (1) と等価であり，系 1 の行った仕事はこの問題の解答に一致している．
(2) 重りをピストンの上に戻した過程による系 1 の終状態の圧力，絶対温度，体積を (P_1, T'', V_1'') とする．この過程の前後の内部エネルギーとピストンと重りが行った力学的仕事の関係は

$$\frac{3}{2} n_1 RT' + \frac{3}{2} n_2 RT' = \frac{3}{2} n_1 RT'' + \frac{3}{2} n_2 RT'' + \frac{(M+m)g(V_1'' - V_1')}{A}. \tag{4.2}$$

系 1 のピストンおよび重りの重力と気体の圧力の力の釣り合いから

$$P_1 A = (M+m)g, \quad P_1' A = Mg,$$

が成り立ち，状態方程式によって

$$P_1 V_1'' = n_1 RT'', \quad P_1' V_1' = n_1 RT',$$

が成り立つので，

$$\frac{(M+m)gV_1''}{A} = n_1 RT'', \quad \frac{MgV_1'}{A} = n_1 RT',$$

となる．これにより V_1'，V_1'' を消去して

$$\frac{3}{2} n_1 T' + \frac{3}{2} n_2 T' = \frac{3}{2} n_1 T'' + \frac{3}{2} n_2 T'' + n_1 T'' - \frac{M+m}{M} n_1 T'.$$

これより

$$\begin{aligned} T'' &= \frac{(5M+2m)M^{-1} n_1 + 3n_2}{5n_1 + 3n_2} T' \\ &= \frac{[(5M+2m)M^{-1} n_1 + 3n_2][(5M+3m)(M+m)^{-1} n_1 + 3n_2]}{(5n_1 + 3n_2)^2} T \\ &= \frac{[(1+2c)a + b][(1+3c)(1+5c)^{-1} a + b]}{(a+b)^2} T. \end{aligned} \tag{4.3}$$

ただし，$a = 5n_1$，$b = 3n_2$，$c = \frac{m}{5M}$ とおいた．$T'' > T$ を確認するために，以下を計算する．

$$\begin{aligned}
&[(1+2c)a+b][(1+3c)(1+5c)^{-1}a+b]-(a+b)^2\\
&=(1+2c)(1+3c)(1+5c)^{-1}a^2\\
&\quad+[(1+2c)(1+5c)+1+3c](1+5c)^{-1}ab+b^2-a^2-2ab-b^2\\
&=6c^2(1+5c)^{-1}a^2+10c^2(1+5c)^{-1}ab=2ac^2(3a+5b)(1+5c)^{-1}>0.
\end{aligned} \tag{4.4}$$

よって,

$$T''-T=\frac{2ac^2(3a+5b)}{(a+b)^2(1+5c)}T=\frac{6m^2n_1(n_1+n_2)}{M(M+m)(5n_1+3n_2)^2}T$$

この温度差に対して極限 $n_2\to\infty$ をとると $T''\to T$ に収束する．すなわち，この系 1 も含めて全系が元の始状態に戻る．全系の断熱過程 A，B において，系 1 の行った力学的仕事は，全系の内部エネルギーの変化で次のように表される．

$$W_{\mathrm{AB}}=\frac{3}{2}(n_1+n_2)R(T-T'')=-\frac{9m^2n_1(n_1+n_2)^2}{M(M+m)(5n_1+3n_2)^2}RT<0.$$

系 2 の極限 $n_2\to\infty$ をとったとしても,

$$\lim_{n_2\to\infty}W_{\mathrm{AB}}=-\frac{m^2}{M(M+m)}n_1RT<0,$$

となって，負であることがわかり，Kelvin の原理を確認できる．

重りを無限に細かく細分し，一つ一つ外すことによって重りをすべて外し，一つ一つのせることによって元の状態に戻すような過程は準静的断熱過程となる．このような準静的断熱過程では，任意の n_2 で，元の状態に戻るサイクル過程が実現でき，その場合，系 1 が外に行う仕事は 0 となる．

● 第 2 種永久機関

熱力学第 1 法則は破らないが第 2 法則を破る永久機関を第 2 種永久機関という．大気や海水などがもっている内部エネルギーを力学的仕事に変換して連続運転できる機関が第 2 種永久機関である．熱力学第 2 法則はこの第 2 種永久機関を禁じている．産業革命の時代から様々な永久機関の創意工夫がなされ，それらのすべてが否定された．現代にいたるまでもそれは続いているようである．

4.2 最大仕事の原理

始状態と終状態の体積を一致させる断熱過程において，始状態の内部エネルギーは終状態の内部エネルギーの下限を与えた．ここでは，始状態と終状態が定まった等温過程における力学的仕事の上限を議論する．

最大仕事の原理

絶対温度 T の等温環境におかれた，物質量の変化しない始状態と終状態を定めた気体の膨張過程 $(T, V_1) \to (T, V_2)$ で気体が行う力学的仕事は準静的過程で最大になる（熱力学第 2 法則の一表現）．

【証 明】

任意の等温過程 $(T, V_1) \to (T, V_2)$ と準静的な等温過程 $(T, V_2) \to (T, V_1)$ からなるサイクルを考える．始めの過程も準静的であれば，これら 2 つの過程からなるこのサイクル過程で気体が行った力学的仕事 W は次の積分

$$W = \int_{V_1}^{V_2} dV P(T, V) + \int_{V_2}^{V_1} dV P(T, V) = 0.$$

で表され 0 である．一方，始めの等温膨張過程で行った力学的仕事が準静的な等温膨張の力学的仕事を越えたとしたら，このサイクル過程で気体が等温の環境から吸収した熱すべてを正の力学的仕事にする．これは Kelvin の原理に矛盾するため，すべての等温膨張 $(T, V_1) \to (T, V_2)$ の中で準静的等温膨張の行う力学的仕事が最大である．証明終わり．

この「最大仕事の原理」と同等の命題である「最大吸熱の原理」が知られているので，以下で述べる．

最大吸熱の原理

絶対温度 T の等温環境におかれた，物質量の変化しない始状態と終状態を定めた気体の膨張過程 $(T, V_1) \to (T, V_2)$ で気体が吸収する熱は準静的過程で最大になる（熱力学第 2 法則の一表現）．

【証 明】

考えている等温過程において系の吸収する熱 Q は，系の行った力学的仕事 W と内部エネルギーの変化によって

$$Q = U(T, V_2) - U(T, V_1) + W$$

と表すことができる．このように始状態と終状態が固定されているどんな過程に対しても内部エネルギーの変化が等しいため，系の吸収した熱 Q は系の行った力学的仕事が最大になる場合に最大となる．最大仕事の原理により，Q は準静的過程で最大になる．証明終わり．

注意　断熱過程と異なり，等温過程 $(T, V_1) \to (T, V_2)$ の気体の始状態と終状態の情報だけではその逆の等温過程 $(T, V_2) \to (T, V_1)$ が可能かどうかを決定できない．等温過程が可逆かどうか決定するには，その過程において気体と相互作用した力学的装置の始状態と終状態の情報が必要となる．以下では次の例題を解くことにより，この事情を理解しよう．

4.2.1　等温環境下での定圧環境の瞬時の変化

例題　最大仕事の原理が成り立つことを，具体例で確かめよう．前章で断熱環境下で扱った問題を，等温環境のもとで取り扱う．すなわち，系は絶対温度が T に定まったただ1つの熱浴と接触していて，始状態と終状態ともに与えられた一定の温度 $T_0 = T = T_1$ であるとする．次の問いに答えよ．

(1) 質量 m の重りを一度にすばやく取り去った場合，気体が外に行う力学的仕事と，気体が吸収した熱量を M，m，T で表せ（図4.4）．

(2) 質量 m の重りを質量 $m/2$ だけ取り去り熱平衡状態になるまで放置してから，残りの $m/2$ を取り去ったとき，気体が外に行う力学的仕事を求めよ．また，この過程と問(1)の過程で気体が行った力学的仕事はどちらが大きいか答えよ．

(3) 図4.5のように気体の温度を一定に保ちながら重りを少しずつ準静的に取り去って行く場合，気体が外に行う力学的仕事を求め，最大仕事の原理が成り立つことを確かめよ．

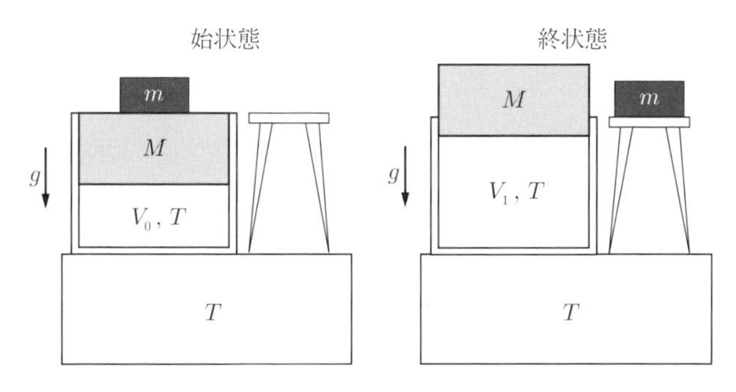

図 4.4 重りの取り去りによる急激な圧力の変化（シリンダーとピストンからなる容器は絶対温度 T に保たれた，ただ 1 つの熱浴と接触しているので，始状態と終状態は $T_0 = T = T_1$ となる）．

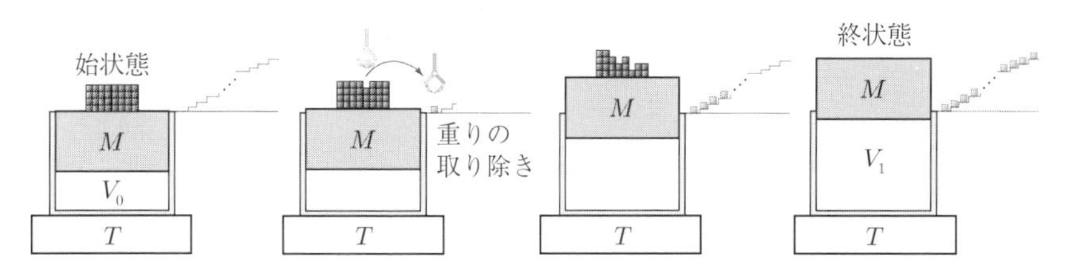

図 4.5 分割した重りの取り去りによる圧力の変化

(4) 分割して外した重りをすべてピストンの上に戻すことによって系は図 4.5 の終状態から始状態に戻る．このサイクル過程で気体のする仕事の上限と下限を答えよ．

解答 (1) 気体の行った力学的仕事は $Mg(V_1 - V_0)/A = (1 - \frac{M}{M+m})RT = \frac{m}{M+m}RT$. 等温過程で内部エネルギーに変化はないから，気体の吸収した熱は行った力学的仕事に等しい．

(2) この過程では 1 回目の操作で気体の行った力学的仕事は $W_1 = \frac{m/2}{M+m}RT$, 2 回目の操作で気体の行った力学的仕事は $W_2 = \frac{m/2}{M+m/2}RT$ であるから，すべての過程で気体の行った力学的仕事は

$$W_1 + W_2 = \left(\frac{m/2}{M+m} + \frac{m/2}{M+m/2}\right)RT = \frac{m(2M+3m/2)}{(M+m)(2M+m)}RT,$$

となる．これは (1) で気体の行った仕事より大きい．また，気体の吸収した

熱もこれに等しい．外す重りを分割した方が気体の仕事が大きくなることは，終状態での重り全体の位置エネルギーが増大していることからわかる．2分割した方が，より大きな仕事をするということから，より分割を細かくした方が気体の行う力学的仕事が大きくなることもわかる．

(3) 質量 μ の重りから微少質量 $-d\mu$ を取り去ったときに気体が行う力学的仕事は $-RTd\mu/\mu$ であるから，準静的に $M+m$ から m だけ取り除いたときに気体が行う力学的仕事は

$$W=-\int_{M+m}^{M} RT\frac{d\mu}{\mu}=RT\log\left(1+\frac{m}{M}\right),$$

5章で定義される Helmholtz（ヘルムホルツ）自由エネルギーの変化に一致し，

$$\int_{M}^{M+m} RT\frac{d\mu}{\mu}>\frac{RT}{M+m}\int_{M}^{M+m} d\mu=\frac{mRT}{M+m}$$

より最大仕事の原理も確かめられる．

(4) 重りを分割して取り除いていく過程 $(T,V_0)\to(T,V_1)$ において気体のする仕事と気体の吸収する熱は等しく，その上限は $RT\log(1+\frac{m}{M})$，下限は $\frac{m}{M+m}RT$ である．同様に逆の過程 $(T,V_1)\to(T,V_0)$ において気体のする仕事と吸収する熱の上限は $-RT\log(1+\frac{m}{M})$ であり，下限は $-\frac{m}{M}RT$ である．よって，このサイクル過程で気体の行う仕事の上限は0であり，下限は $-\frac{m^2RT}{M(M+m)}$ である．

4.3　理想気体の Carnot（カルノー）サイクル

例題　Carnot サイクルは2つの準静的な断熱過程と等温過程からなるサイクル機関である．状態 a を (V_a,T_a) $(a=1,2,3,4)$ とするとき，図 4.6 に示すように，$T_1=T_2>T_3=T_4$，$V_1<V_2$，$V_4<V_3$ であるとする．サイクル過程 $1\to2\to3\to4\to1$ は，始めから順番に等温膨張，断熱膨張，等温圧縮，断熱圧縮を下の図に示された曲線に沿って，準静的に繰り返す．この気体が物質量 1 mol の単原子分子理想気体であるとして，次の問いに答えよ．

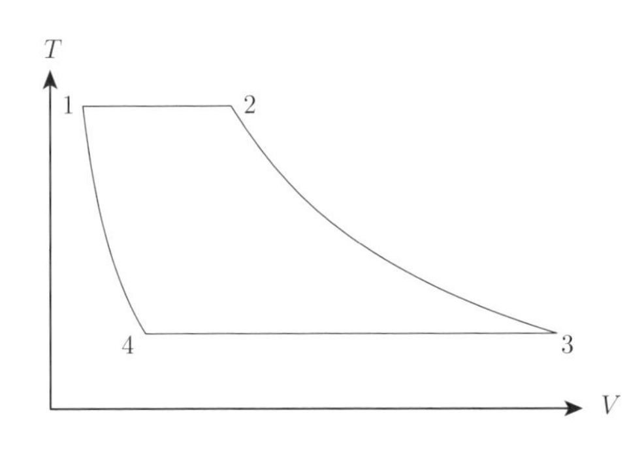

図 4.6　Carnot サイクルの V-T 状態図

(1) 準静的等温膨張過程 $1 \to 2$ で気体が外に行う力学的な仕事を計算し吸収する熱を答えよ．また，この過程における理想気体のエントロピーの変化を系が受け取る熱から求めよ．

(2) 同様に，準静的等温圧縮過程 $3 \to 4$ で気体が外に行う力学的な仕事を計算し吸収する熱を答えよ．また，この過程における理想気体のエントロピーの変化を系が受け取る熱から求めよ．

(3) 同様に，準静的断熱膨張過程 $2 \to 3$ で気体が外に行う力学的な仕事を計算せよ．また，準静的断熱曲線から変化前後の体積と温度の関係を求めよ．

(4) 同様に，準静的断熱圧縮過程 $4 \to 1$ で気体が外に行う力学的な仕事を計算せよ．また，準静的断熱曲線から変化前後の体積と温度の関係を求めよ．

(5) 1 サイクル過程で熱機関が外に行った力学的仕事を W，熱機関が外から吸収した熱を Q，放出した熱を Q' とするとき，熱力学第 1 法則によって $W = Q - Q'$ である．このとき熱機関の効率は，$\eta = W/Q$ で定義されるが，第 1 法則によって

$$\eta = \frac{W}{Q} = 1 - \frac{Q'}{Q}$$

と表される．この効率を温度 T_1，T_3 で表すと

$$\eta = 1 - \frac{T_3}{T_1}$$

であることを示せ．また，1 サイクルでのエントロピーの変化を Clausius 等式で計算するとき，確かに不変となっていることを確認せよ．

解答　(1) 準静的等温過程 $1 \to 2$ で気体の行う力学的仕事は理想気体の状態方程式を用いて

$$W_{1,2} = \int_{V_1}^{V_2} P(T_1, V)dV = \int_{V_1}^{V_2} \frac{nRT_1}{V} dV = nRT_1 \log \frac{V_2}{V_1},$$

である．理想気体の内部エネルギーは体積に依存せず，この過程 $1 \to 2$ では変化しないから，気体の吸収した熱はこの力学的仕事 $W_{1,2}$ に等しい．エントロピーの変化を Clausius 等式から求めると

$$S(T_1, V_2) - S(T_1, V_1) = \frac{W_{1,2}}{T_1} = nR \log \frac{V_2}{V_1}.$$

(2) この過程 $3 \to 4$ も準静的等温過程であるから，前問と同様にして，気体の行う仕事は

$$W_{3,4} = nRT_3 \log \frac{V_4}{V_3}.$$

$W_{3,4} < 0$ に注意せよ．内部エネルギーの変化はなく，気体の吸収した熱は $W_{3,4}$ に等しい．エントロピーの変化は

$$S(T_3, V_4) - S(T_3, V_3) = \frac{W_{3,4}}{T_3} = nR \log \frac{V_4}{V_3}.$$

(3) 断熱過程なので，気体の行った力学的仕事は内部エネルギーから計算することができ，

$$W_{2,3} = U(T_2, V_2) - U(T_3, V_3) = \frac{3}{2} nR(T_2 - T_3).$$

また，$T_1 = T_2$ であることと，準静的断熱曲線により，次の関係がある．

$$T_1^{\frac{3}{2}} V_2 = T_3^{\frac{3}{2}} V_3.$$

(4) 断熱過程なので，気体の行った力学的仕事は内部エネルギーから計算することができ，$T_4 = T_3$ に注意すると，

$$W_{4,1} = U(T_3, V_4) - U(T_1, V_1) = \frac{3}{2} nR(T_3 - T_1).$$

また，準静的断熱曲線により，次の関係がある．

$$T_3^{\frac{3}{2}} V_4 = T_1^{\frac{3}{2}} V_1.$$

(5) このサイクルで気体は等温過程 $1 \to 2$ で熱

$$Q = W_{1,2} = nRT_1 \log \frac{V_2}{V_1},$$

を吸収し，等温過程 $3 \to 4$ で熱

$$Q' = -W_{3,4} = -nRT_3 \log \frac{V_4}{V_3}$$

を放出する．また，問 (3)，(4) で求めた関係から

$$\frac{V_3}{V_4} = \frac{V_2}{V_1}$$

が得られる．よって

$$\frac{Q'}{Q} = \frac{nRT_3 \log \frac{V_3}{V_4}}{nRT_1 \log \frac{V_2}{V_1}} = \frac{T_3}{T_1}$$

であるから，効率は

$$\eta = 1 - \frac{T_3}{T_1}$$

と求まる．また，この関係を書き換えると

$$\frac{Q}{T_1} = \frac{Q'}{T_3}$$

である．準静的過程は可逆なので過程 $3 \to 4 \to 1$ のエネルギーのやり取りの向きを逆にした $1 \to 4 \to 3$ も存在し，気体の状態変化 $1 \to 2$ と $4 \to 3$ エントロピーの変化が

$$S(T_3, V_3) - S(T_3, V_4) = S(T_1, V_2) - S(T_1, V_1)$$

となって等しいことがわかる．この関係と過程 $2 \to 3$ と $1 \to 4$ は準静的断熱過程でエントロピーの変化がないことから，2 つの経路 $1 \to 2 \to 3$ と $1 \to 4 \to 3$ に沿った Clausius 等式によるエントロピー変化が一致していることを確かめることができる．

次に述べる Carnot の定理は熱機関の最大効率を与えた非常に一般的な定理である．

4.4　Carnotの定理

Carnotの定理

絶対温度 T，$T'(T<T')$ の間ではたらく熱機関の効率の上限は，作業物質や物質量によらない Carnot サイクルの効率 $1-T/T'$ によって与えられる．

【証 明】

作業物質が任意の物質量をもつ任意の物質からなり，温度 T，T' ではたらく効率 η のサイクルに対し，作業物質が理想気体からなる同じ温度 T，T' ではたらく Carnot サイクルを用意する．この Carnot サイクルの効率は $\eta'=1-T/T'$ である．これらを結合させ，理想気体からなる Carnot サイクルを逆にはたらかせる．任意の物質からなる系が高温 T' で吸収する熱を Q とするとき，そこでの理想気体が熱 Q を放出するように理想気体の物質量を選ぶ．1サイクルにおいて考えているサイクルの行う力学的仕事は ηQ であり，理想気体からなる Carnot サイクルは力学的仕事 $\eta' Q$ を受け取る（図4.7）．2つの系からなる熱機関は1サイクルで $(\eta-\eta')Q$ の熱を吸収し，そのすべて $(\eta-\eta')Q$ の力学的仕事を外に行う．$\eta>\eta'$ ならば Kelvin の原理に矛盾するため $\eta\leq\eta'$ でなければならない．よって，Carnot サイクルの効率は任意のサイクルの上限を与える．また，考えている任意の物質量からなる任意の作業物質ではたらくサイクルが Carnot サイクルであるならば，この機関を逆にはたらかせることができる．これらの結合した機関のサイクルを逆にはたらかせるならば，$\eta\geq\eta'$ となり，$\eta=\eta'$ が結論される．証明終わり．

注意

2温度 T，T' ではたらく Carnot サイクルが吸収した熱を Q'，放出した熱を Q としたとき，その効率は $\eta=1-Q/Q'=1-T/T'$ なので，$Q/T=Q'/T'$ の関係が導かれる．Carnot の定理によりこの関係は任意の作業物質に対して成立する．この関係は Clausius 等式によってエントロピーを定義したとき，エントロピーの変化が2つの経路（T' で等温膨張し，その後断熱膨張する，または断熱膨張し，その後 T で等温膨張する）で一致し，この定義によるエントロピーが状態量であることを示している．多くの教科書では，Clausius 等式でエントロピーを定義し，この Carnot の定理に基づいた議論によってエ

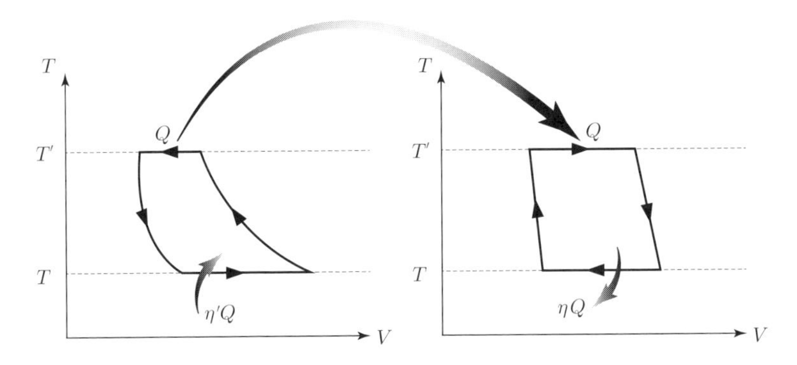

図 4.7 左図は Carnot サイクル，右図は任意の 2 温度機関.

ントロピーが状態量であることを証明している．本書では，準静的断熱不変な示量的状態量がエントロピーの定義であり，Clausius 等式はそれから導かれる定理であることに注意してほしい．

4.5 実際の熱機関

以下に例としてあげる熱機関のほとんどは，ピストンとシリンダーでできた容器の中に気体を閉じ込め，熱した気体の膨張によってピストンを通じて外に力学的な仕事を行わせる機関である．以下にあげる実際の熱機関の例では，平衡状態がひとときも出現することのないため平衡熱力学によって精密な計算はできない．しかしながら，平衡熱力学による計算は簡便であり，効率などの近似値を与えることができる．

● 蒸気機関

外で熱した水蒸気を外から容器内に送り込み，水蒸気の膨張によりピストンを通じて力学的な仕事を行わせる．容器の最大容積まで膨張しきったら水蒸気を排出してピストンを元の位置に戻す．初期の蒸気機関では惰性でピストンを元に戻していたが，発達した機関ではやはり戻すにも水蒸気の膨張を利用していた．排出した水蒸気を復水器で冷して再利用することも，そのまま捨て去ることもできる．このように容器外で燃料を燃やしてその熱から力学的仕事を得る機関は，外燃機関とよばれる．

● Otto（オットー）サイクル

ガソリンエンジンなどのように点火プラグをもつエンジンのことである．ガソリンなどの燃料と空気を容器内で断熱圧縮し，点火プラグで引火させる．その燃焼による熱で容器内の気体を膨張させピストンを通じて力学的仕事を得る．容器の最大容積まで気体が膨張しきったら，その気体を排出し，ピストンは元の状態に戻る．燃料はガソリンのように揮発性が高く引火点の低いものを用いる．ホワイトガソリンとよばれる混合物のないガソリンの引火点は −40 ℃以下で，発火点は 250 ℃以上である．エンジン用のガソリンはオクタン価によって異なり，ホワイトガソリンの発火点より高い．オクタン価とは，ガソリン燃料の発火点や燃焼速度を調節するために混合させる不純物の濃度のことである．エンジン燃料であるオクタン価の高いガソリンは，発火点が高められ，燃料が点火プラグで正常に引火される前に発火して起るノッキングが防がれている．他の物質を混合しオクタン価を上げ発火点を高めてあるため，燃焼させたいタイミングで引火させることができる．また，日本において乗用車のガソリン燃料にはオクタン価の異なるレギュラーガソリンまたはプレミアムガソリンの 2 種類があり，エンジンの設計によって，その燃料の種類が定まっている．

● Diesel（ディーゼル）サイクル

空気をピストンによって断熱圧縮し温度を上げ，そこに燃料を噴霧し発火させる．その燃焼による熱で容器内の気体を膨張させピストンを通じて力学的仕事を得る．容器の最大容積まで気体が膨張しきったら，その気体を排出し，ピストンは元の状態に戻る．燃料は軽油など発火点の低いものを用いる．軽油の発火点は約 210 ℃，引火点は 50 ℃から 70 ℃である．Diesel サイクルは空気を圧縮して燃料を発火させるため，Otto サイクルより圧縮比が大きい．

Otto サイクルや Diesel サイクルのように容器内で燃料を燃やしてその熱から力学的仕事を得る機関は，内燃機関とよばれる．

● タービンエンジン

以上のようなピストンとシリンダーからなる容器を用いた機関以外にも，熱した膨張気体をタービンに送り込みタービンを回して力学的仕事をさせる熱機関もある．外燃機関に分類される火力発電や原子力発電の蒸気タービンや，内燃機関に分類されるヘリコプターなどを含む航空機や火力発電のガスタービンエンジンがこのような例にあたる．

4 章の問題

問 4.1　最大仕事の原理と同等の内容を系の発熱によって表した原理「始状態と終状態を定めた物質量と温度を一定とした気体の圧縮過程 $(T, V_1) \to (T, V_2)$ において気体が放出した熱は準静的過程で最小になる」を最小発熱の原理という．最小発熱の原理を，最大仕事の原理から証明せよ．
（**ヒント**：内部エネルギーが状態量であることを用いること．）

問 4.2　次の「断熱過程の最大仕事の原理」を証明せよ．状態を内部エネルギーと体積で定める．始状態 (U_1, V_1) と終状態の体積 V_2 を定めた，物質量を一定とする気体の断熱過程 $(U_1, V_1) \to (U_2, V_2)$ で，気体が行う力学的仕事 $W = U_1 - U_2$ は準静的過程で最大になる（熱力学第 2 法則の一表現）．
（**注意**：通常，特に断らない限り「最大仕事の原理」とは，前出の等温過程に対する最大仕事の原理を意味する．）

問 4.3　Carnot サイクルの圧力を縦軸に体積を横軸にとった PV 図，エントロピーを縦軸に絶対温度を横軸にとった ST 図の概略を描け．

問 4.4　単原子分子理想気体 n [mol] の状態を絶対温度と体積 (T, V) で表す．この気体を作業物質とし，常に準静的にはたらくサイクル $(T_1, V_1) \to (T_2, V_2) \to (T_3, V_3) \to (T_4, V_4) \to (T_1, V_1)$ において $1 \to 2$ および $3 \to 4$ は断熱過程であり，$2 \to 3$，$4 \to 1$ は定積過程である場合を考える．ただし，$T_1 > T_2 > T_3$ とする．このサイクルの効率を T_1，T_2 で表せ．このサイクルは準静的極限による Otto サイクルのモデルとして議論されることがある．

問 4.5　単原子分子理想気体 n [mol] の状態を圧力と体積 (P, V) で表す．この気体を作業物質とし，常に準静的にはたらくサイクル $(P_1, V_1) \to (P_2, V_2) \to (P_3, V_3) \to (P_4, V_4) \to (P_1, V_1)$ において $P_1 = P_2 > P_3 = P_4$，$V_1 = V_4 < V_2 = V_3$ である場合を考える．ただし $1 \to 2$ および $3 \to 4$ は定圧過程であり，$2 \to 3$，$4 \to 1$ は定積過程である．このサイクルの効率を P_1，P_3，V_1，V_2 で表せ．

問 4.6　単原子分子理想気体 n [mol] の状態を絶対温度と体積 (T, V) で表す．

この気体を作業物質とし，常に準静的にはたらくサイクル $(T_1, V_1) \to (T_2, V_2) \to (T_3, V_3) \to (T_4, V_4) \to (T_1, V_1)$ において $T_1 = T_2 > T_3 = T_4$，$V_1 = V_4 < V_2 = V_3$ である場合を考える．ただし $1 \to 2$ および $3 \to 4$ は等温過程であり，$2 \to 3$，$4 \to 1$ は定積過程である．このサイクルの効率を T_1，T_3，V_1，V_2 で表し，それが Carnot 効率より低いことを証明せよ．

問 4.7　ある物質量の気体の絶対温度を $T < T' < T''$ とする．この気体を作業物質として絶対温度 T，T' および T，T'' ではたらく 2 つの Carnot サイクルを連結させた T，T'，T'' ではたらく準静的サイクル過程 $1 \to 2 \to 3 \to 4 \to 5 \to 6 \to 1$ を考える．このサイクルは T' での等温膨張過程 $1 \to 2$，T' から T'' への断熱圧縮過程 $2 \to 3$，T'' での等温膨張過程 $3 \to 4$，T'' から T への断熱膨張過程 $4 \to 5$，T での等温圧縮過程 $5 \to 6$，T から T' への断熱圧縮過程 $6 \to 1$ からなる．ただし，正の定数を r とし，T' での等温膨張過程 $1 \to 2$ で気体の吸収する熱を Q' とするとき，T'' での等温膨張過程 $3 \to 4$ で気体の吸収する熱は rQ' であるとする．このサイクル機関の効率 $\eta(r)$ を T，T'，T''，r で表し，

$$1 - \frac{T}{T'} < \eta(r) < 1 - \frac{T}{T''},$$

を示せ．これは，この熱機関の効率が 2 つの Carnot サイクルの効率の間にあることを示している．

第5章

熱力学関数の性質

ここでは，Legendre（ルジャンドル）変換というある関数から別の関数を定義する数学的な道具を導入する．これによって，新しい完全な熱力学関数である Helmholtz 自由エネルギー，Gibbs 自由エネルギー，エンタルピーを定義し，いくつかの熱力学的関係式を得る．

5.1 自由エネルギーとエンタルピー

5.1.1 Helmholtz（ヘルムホルツ）自由エネルギー

定義（Helmholtz 自由エネルギー）

気体の絶対温度 T，体積 V の関数として内部エネルギー $U(T,V)$，エントロピー $S(T,V)$ を与えたとき，式

$$F(T,V) = U(T,V) - TS(T,V)$$

で定まる熱力学関数 $F(T,V)$ を Helmholtz 自由エネルギーという．

注意

Helmholtz 自由エネルギーは完全な熱力学関数としての内部エネルギー $U(S,V)$ から，式 $U(S,V) - TS$ を最小にする S を代入した

$$F(T,V) = \min_S [U(S,V) - TS],$$

から定義することもできる．この場合，右辺を最小にするエントロピー S は次の極値条件

$$\left(\frac{\partial U}{\partial S}\right)_V - T = 0,$$

から温度 T と体積 V の関数として定まり，F が (T, V) の関数として定義される．このように，(S, V) の関数 $U(S, V)$ から，S のかわりに，その偏導関数 $T = \frac{\partial U}{\partial S}$ と V の新たな関数 $F(T, V)$ を得る変換は Legendre 変換とよばれる．ある熱力学関数を Legendre 変換して得られる関数は元の関数とは物理的に異なる役割をもつ．その物理的な役割は数学のみからは定まらず，物理的な考察によって明らかになる．

● 定積等温環境における平衡条件

絶対温度 T と体積 V を固定し，$f(x) = U(x, V) - Tx$ によって関数 $f(x)$ を定義する．この関数が $x = S$ で極値をとるとき，この極値は最小値である．

【証 明】

極値をとる点では $f'(S) = 0$ であり，この $x = S$ は絶対温度 T と体積 V で平衡状態にある系のエントロピーである．他の点 $x = S' \neq S$ で (S', T', V) が平衡状態であるとする．この状態を始状態として，定積環境を保ったまま異なる絶対温度 T の熱浴に接触させ，しばらくすると平衡状態 (S, T, V) となった (図5.1)．この間に系は力学的仕事を行わない．この状態から準静的に温度 T で等温変化をさせ (S', T, V') になったとすると，この間に系が外に行う力学的仕事は系が吸収した熱から内部エネルギーの変化を引いて $T(S' - S) - U(S', V') + U(S, V)$ である．それから準静的断熱変化で元の状態 (S', T', V) にいたったとすると，この間に系が外に行った仕事は $U(S', V') - U(S', V)$ である．このサイクルでは1つの熱浴からしか熱を吸収できないため，Kelvin の原理によりこのサイクルで気体は外に正の仕事をすることはない．したがって，気体が行った力学的仕事は $U(S, V) - U(S', V) - T(S - S') \leq 0$ である．よって

$$U(S, V) - TS \leq U(S', V) - TS',$$

となって，$f(x)$ は $x = S$ で最小となる．証明終わり．

上の証明におけるサイクルを以下のような図式で表す．

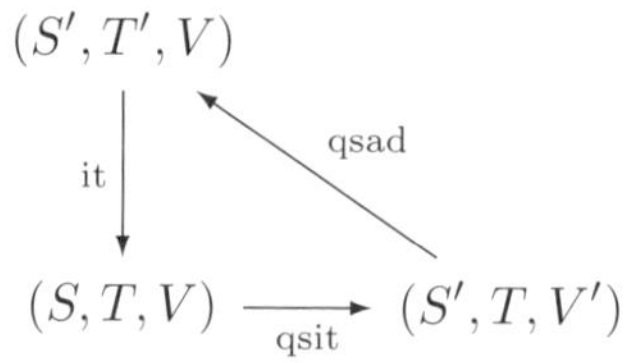

$$\begin{array}{ccc} (S', T', V) & & \\ \downarrow \text{it} & \nwarrow \text{qsad} & \\ (S, T, V) & \xrightarrow{\text{qsit}} & (S', T, V') \end{array}$$

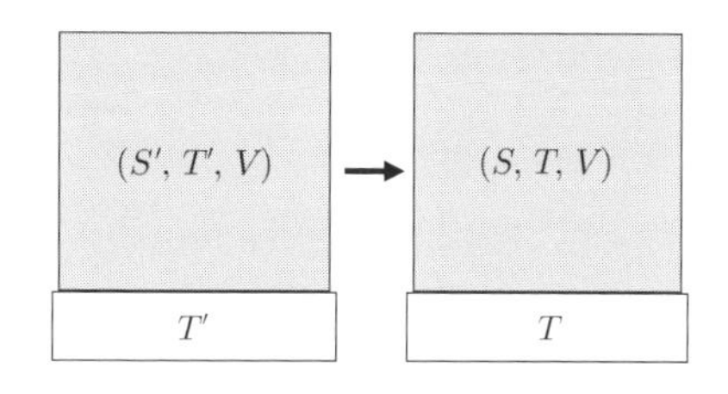

図 5.1 定積環境における等温環境の瞬時の変化による状態変化

ただし，瞬時に等温環境を変化させる等温過程 (isothermal process) を it，準静的等温過程 (quasi-static isothermal process) を qsit，準静的断熱過程 (quasi-static adiabatic process) を qsad と略記している．

注意 絶対温度 T，体積 V の定積等温環境下で定義される関数の最小値に関する命題の証明に，その体積とは異なる $V' \neq V$ での平衡状態を考えなければならないことに注意せよ．

注意 エントロピーと体積の関数としての内部エネルギー $U(S', V')$ で熱力学的な振る舞いが定まる流体を考える．始状態 (S', T', V) で与えられる，この流体の環境を (T, V) で定まる定積等温環境に瞬時に変更して十分時間が経過すると，流体は上で定義される $f(x) = U(x, V) - Tx$ を最小にする $x = S$ で定まる終状態に変化する．このとき，流体が熱浴から受け取る熱は $U(S, V) - U(S', V)$ で定まる（図 5.1）．

ここで定義された関数 f によって完全な熱力学関数である Helmholtz 自由エネルギーを定義できる．

Helmholtz 自由エネルギーの全微分と偏導関数

気体の物質量を一定にした準静的変化 $(T, V) \to (T + dT, V + dV)$ に対して Helmholtz 自由エネルギー F の変化は

$$dF = dU - TdS - SdT = -SdT - PdV,$$

であるから，温度一定のとき，Helmholtz 自由エネルギーの変化 dF は気体の受ける準静的な力学的仕事に等しい．また，その偏導関数は

$$\left(\frac{\partial F}{\partial T}\right)_V = -S, \qquad \left(\frac{\partial F}{\partial V}\right)_T = -P.$$

と表される．したがって，Helmholtz 自由エネルギーが (T, V) の関数として

定まるとき，圧力とエントロピーを (T,V) の関数として定めることができる．

● Helmholtz 自由エネルギーと最大仕事

系の等温変化 $(T,V) \to (T,V')$ に対する Helmholtz 自由エネルギーの変化 $F(T,V') - F(T,V)$ は，系が等温変化 $(T,V) \to (T,V')$ を準静的にしたときに受けた力学的仕事に等しい．したがって，等温変化 $(T,V) \to (T,V')$ で気体が行う力学的仕事の最大値は Helmholtz 自由エネルギーの変化の逆符号 $-F(T,V') + F(T,V)$ で与えられる．

5.1.2 Gibbs（ギッブス）自由エネルギー

● 定圧等温環境における平衡条件

絶対温度 T と，圧力 P の定圧等温環境のもとで気体が平衡状態にあるとき，気体の体積 V は状態方程式から一意的に定まる．このとき，圧力 P と絶対温度 T を固定して $g(x) = F(T,x) + Px$ で定義される x の関数は平衡状態を与える体積 $x = V$ において最小値をとる．

【証明】

状態方程式と圧力 P と絶対温度 T から定まる体積 $x = V$ で g が極値をとることは，

$$\frac{d}{dx}g(x) = \left(\frac{\partial F}{\partial x}(T,x)\right)_T + P,$$

と力の釣り合いにより，$g'(V) = 0$ となって明らかである．次に，絶対温度 T は変えずに，異なる圧力 $P' \neq P$ のもとでの体積 $x = V' \neq V$ で与えられる平衡状態を考える．最大仕事の原理により，等温環境での変化 $(T,V') \to (T,V)$ で気体が行う力学的仕事の上限は準静的仕事 $F(T,V') - F(T,V)$ で与えられる．一方，瞬時に圧力を変えた温度 T，圧力 P における等温定圧環境での過程（図5.2）で，気体が行う力学的仕事は2章，例題において注意したように式 (2.8) によって $P(V - V')$ と与えられるから，$P(V - V') \leq F(T,V') - F(T,V)$ であり，

$$F(T,V) + PV \leq F(T,V') + PV'$$

となる．よって $g(x)$ は $x = V$ で最小値をとる．証明終わり．

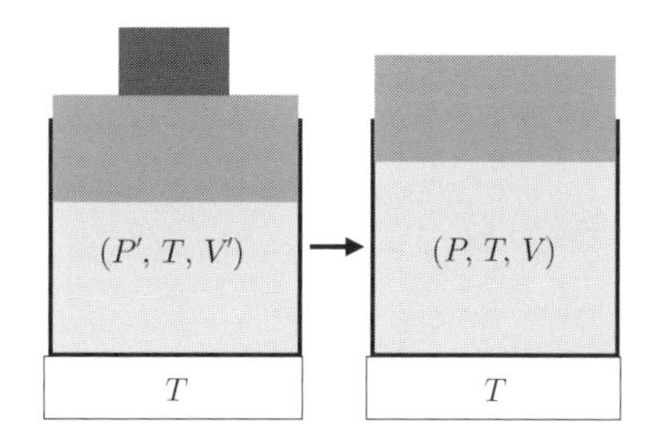

図 5.2 等温環境における定圧環境の瞬時の変化による状態変化

上の証明における 2 つの状態変化を以下のような図式で表す．

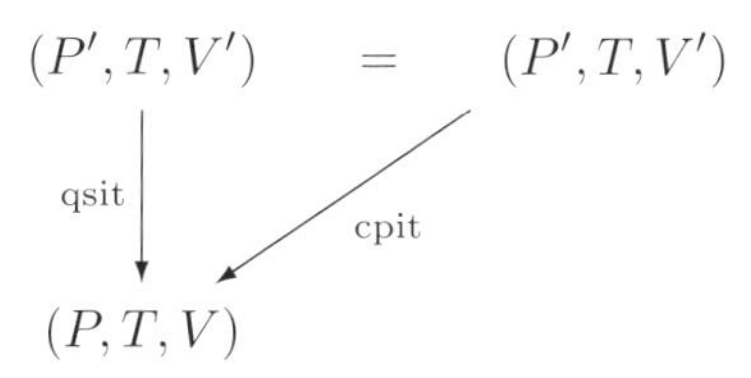

ただし，準静的等温過程 (quasi-static isothermal process) を qsit，瞬時の定圧環境の変更による定圧等温過程 (constant pressure isothermal process) を cpit と略記している．

絶対温度と体積の 2 変数関数である Helmholtz 自由エネルギー $F(T',V')$ によって熱力学的な振る舞いが定まる流体を考える．この流体のおかれた定圧等温環境 (P',T') から，異なる定圧等温環境 (P,T) に瞬時に変更した場合，十分時間が経過すると流体は上で定義された関数 $g(x)=F(T,x)+Px$ を最小にする $x=V$ で与えられる終状態に変化する．

上で定義された $g(V)$ を (T,P) の関数とみなすことによって，次のような新しい完全な熱力学関数である Gibbs 自由エネルギーを定義することができる．

定義（Gibbs 自由エネルギー）

絶対温度を T，圧力を P とするとき，Gibbs 自由エネルギーは Helmholtz の自由エネルギーの Legendre 変換

$$G(T,P)=\min_{V}[F(T,V)+PV]$$

で定義される．上式を極小にする V は次の状態方程式を与える．

$$P = -\frac{\partial F}{\partial V}.$$

これを V について解き，$F(T,V)+PV$ の体積 V に代入すると，圧力 P と温度 T の関数としての Gibbs 自由エネルギー $G(T,P)=F(T,V(T,P))+PV(T,P)$，が得られる．

Gibbs 自由エネルギーの全微分と偏導関数

気体の物質量を一定にした準静的変化 $(T,P)\to(T+dT,P+dP)$ に対して Gibbs 自由エネルギー G の変化は

$$dG = dF + dPV + PdV = -SdT + VdP,$$

と求まるから，その偏導関数は次のように求まる．

$$\left(\frac{\partial G}{\partial T}\right)_P = -S, \qquad \left(\frac{\partial G}{\partial P}\right)_T = V.$$

定積等温環境における平衡条件

絶対温度 T と，体積 V の定積等温環境のもとで気体が平衡状態にあるとき，気体の圧力 P は状態方程式から一意的に定まる．このとき，絶対温度 T と，体積 V を固定して，次で与えられる圧力 x の関数

$$f(x) = G(T,x) - xV$$

は平衡状態を与える $x=P$ において最大値をとる．

【証 明】

$x=P$ で f が極値をとることは，

$$\frac{d}{dx}f(x) = \left(\frac{\partial G}{\partial x}(T,x)\right)_T - V,$$

と G の偏導関数の性質から $f'(P)=0$ となって明らかである．次に，絶対温度 T は変えずに，異なる圧力 $x=P'\neq P$ とそれに応じて状態方程式から定まる体積 $V'\neq V$ で与えられる平衡状態を考える．最大仕事の原理により，等温環境での変化 $(T,V)\to(T,V')$ で気体が行う力学的仕事の上限は準静的仕事 $F(T,V)-F(T,V')$ で与えられる．一方，温度 T において瞬時に圧力を P から P' に変えた定圧等温環境での過程で気体が行う力学的仕事は2章，例

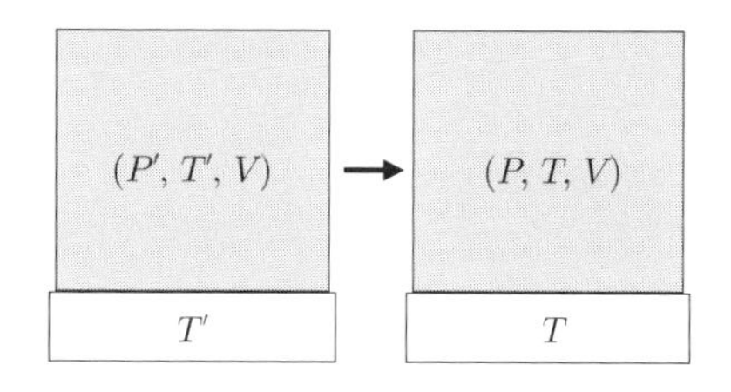

図 5.3 定積環境における等温環境の瞬時の変化による状態変化

題において注意したように式 (2.8) によって $P'(V'-V)$ で与えられるから，$P'(V'-V) \leq F(T,V) - F(T,V')$ であり，

$$
\begin{aligned}
f(P') &= G(T,P') - P'V = F(T,V') + P'V' - P'V \leq F(T,V) \\
&= G(T,P) - PV = f(P)
\end{aligned}
$$

となる．よって $f(x)$ は $x = P$ で最大値をとる．証明終わり．

上の証明における 2 つの状態変化を以下のような図式で表す．

$$
\begin{array}{ccc}
(P,T,V) & = & (P,T,V) \\
\downarrow \text{qsit} & \swarrow \text{cpit} & \\
(P',T,V') & &
\end{array}
$$

ただし，準静的等温過程 (quasi-static isothermal process) を qsit，定圧等温環境において等温環境を保ったまま瞬時に定圧環境を変化させる過程 (constant pressure isothermal process) を cpit と略記している．

注意 圧力と絶対温度の 2 変数関数である Gibbs 自由エネルギー $G(T',P')$ によって熱力学的振る舞いが定まる流体を考える．定積等温環境でのこの流体の始状態を (T',V) とし，定積環境は保ったまま瞬時に異なる T で与えられる等温環境に変更したとき，十分時間が経過すると流体は上で定義した $f(x) = G(T,x) - xV$ を最大にする $x = P$ で定まる終状態に変化する（図 5.3）．

Gibbs 自由エネルギーの Legentre 逆変換で Helmholtz 自由エネルギーが得られる．

$$
F(T,V) = \max_{P}[G(T,P) - PV].
$$

5.1.3 エンタルピー

● 定圧断熱環境における平衡条件

気体を断熱容器に閉じ込めて，圧力が P で一定の定圧環境におく．このとき，圧力 P とエントロピー S を固定し，体積 x の関数を

$$h(x) = U(S, x) + Px$$

で定義するとき，$h(x)$ は平衡状態の体積 $x = V$ で最小値をとる．

【証 明】

関数 h が $x = V$ で極値をとることは明らかなので，これが最小であることを証明する．体積 $x = V' \neq V$ に対し，準静的断熱過程 $(S, V') \to (S, V)$ で気体の行う仕事は，

$$\begin{aligned} U(S, V') - U(S, V) &= \int_V^{V'} dx \frac{\partial U}{\partial x}(S, x) \\ &= -\int_V^{V'} dx P(S, x) \geq -P(S, V)(V' - V). \end{aligned}$$

最後の不等式は V'' について $-P(S, V'')$ が単調増加であるから，被積分関数は $V' > V$ ならば $-P(S, V)$ で最小であり，$V' < V$ ならば $-P(S, V)$ で最大になることから得られる．この単調性はあとの 5.3.1 項で述べるように，断熱圧縮率が

$$\kappa_S = -\frac{1}{V}\left(\frac{\partial V}{\partial P}\right)_S \geq 0,$$

となって負にならないことによっている．よって，

$$h(V') - h(V) = U(S, V') - U(S, V) + P(V' - V) \geq 0,$$

となり，$h(x)$ は $x = V$ で最小となる．証明終わり．

上で定義された $h(V)$ を (P, S) の関数とみなすことによって新しい完全な熱力学関数であるエンタルピーを定義することができる．

定義（エンタルピー）

系のエントロピー S と体積 V の関数としての内部エネルギー $U(S,V)$ を，体積 V から圧力 P の関数に Legendre 変換しエンタルピーを

$$H(P,S) = \min_V [U(S,V) + PV],$$

によって定義する．右辺の極値は

$$P = -\left(\frac{\partial U}{\partial V}\right)_S,$$

で与えられる．Clausius 等式から，右辺は圧力であることがわかるので，この P は気体の圧力である．

● エンタルピーの全微分と偏導関数

エンタルピー $H(P,S)$ の全微分は

$$dH = TdS + VdP,$$

となる．これより，次が得られる．

$$\left(\frac{\partial H}{\partial S}\right)_P = T, \qquad \left(\frac{\partial H}{\partial P}\right)_S = V. \tag{5.1}$$

第 1 式の右辺は正であることから，圧力 P が一定のもとでエンタルピー $H(P,S)$ は S の単調増加関数である．同様に第 2 式から，エントロピー S が一定のもとで $H(P,S)$ は P の単調増加関数であることもわかる．また，準静的な定圧過程で系の吸収する熱はエンタルピーの変化で与えられることに注意せよ．

よって，定積断熱過程での内部エネルギー増大原理からエントロピー増大の法則を得たときと同様に，次の定理を得る．

● 始状態と終状態の圧力が等しい断熱過程のエンタルピー増大の法則

始状態と終状態の圧力が等しい断熱過程が存在するための必要十分条件はエンタルピーが減少しないことである．

【証 明】

始状態と終状態の圧力が等しいならばエンタルピーはエントロピーの単調増加関数なので，断熱過程でのエントロピー増大の法則により，この条件での断熱過程存在の必要十分条件はエンタルピーの非減少性で表される．証明終わり．

● エンタルピーと Gibbs 自由エネルギーの関係

圧力 P とエントロピー S の完全な熱力学関数であるエンタルピー $H(P,S)$ によって熱力学的な振る舞いが定まる流体を考える．エンタルピーから次で定義される関数

$$g(x) = H(P,x) - Tx.$$

は，圧力 P，絶対温度 T の定圧等温環境におけるこの流体の平衡状態のエントロピー $x = S$ において最小となる．

【証明】

圧力 P，絶対温度 $T' \neq T$ におけるこの流体のエントロピーを S' とする．この始状態 (P,S',T') から終状態 (P,S,T) の準静的定圧加熱過程に対するエンタルピーの変化は，その偏導関数の公式 (5.1) から

$$H(P,S) - H(P,S') = \int_{S'}^{S} \left(\frac{\partial H}{\partial S}\right)_P dS = \int_{S'}^{S} T(P,S)dS.$$

一方，あとの 5.3.1 節で述べるように定圧熱容量が負にならないこと

$$T\left(\frac{\partial S}{\partial T}\right)_P \geq 0,$$

から $T(P,S)$ は S の単調増加関数である．上の積分の被積分関数は (P,S) で $S > S'$ ならば最大，$S < S'$ ならば最小となるので，

$$\int_{S'}^{S} T(P,x)dx \leq (S-S')T(P,S),$$

が成り立つ．これは $H(P,S) - H(P,S') \leq (S-S')T$，を意味するので，

$$H(P,S) - TS \leq H(P,S') - TS',$$

となって $g(x)$ は $x = S$ で最小値をとる．証明終わり．

注意

圧力 P とエントロピー S の完全な熱力学関数であるエンタルピー $H(P,S)$ によって熱力学的な振る舞いが定まる流体を考える．図 5.4 のように，定圧等温環境でのこの流体の始状態を (P,T') とし，定圧環境を保ったまま瞬時に異なる絶対温度 T で与えられる等温環境に変更したとき，十分時間が経過すると流体は上で定義した $g(x) = H(P,x) - Tx$ を最小にする $x = S$ で定まる終状態に変化する．

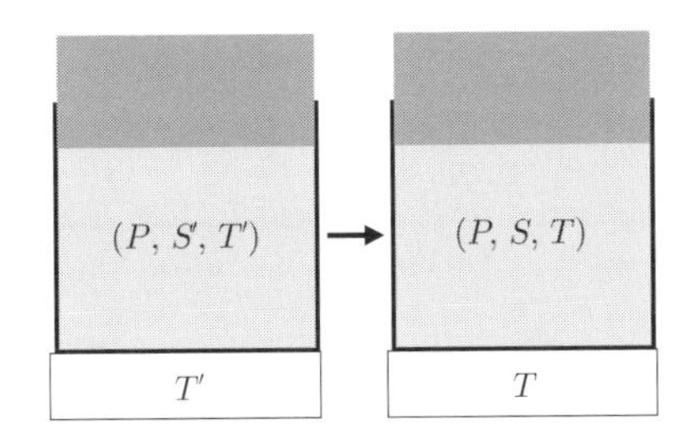

図 5.4　定圧環境における等温環境の瞬時の変化による状態変化

この命題によりエンタルピーから次の圧力と絶対温度の関数 $G(P,T)$ を

$$G(P,T)=\min_{S}[H(P,S)-ST] \tag{5.2}$$

によって定義すると，極値条件から

$$T=\left(\frac{\partial H}{\partial S}\right)_P,$$

によってエントロピー $S(P,T)$ は P，T の関数として定まる．これによって関数

$$G(P,T)=H(P,S(P,T))-S(P,T)T$$

の全微分は

$$dG=dH-dST-SdT=TdS+VdP-TdS-SdT=-SdT+VdP,$$

となる．したがって，この関数 $G(P,T)$ は Gibbs 自由エネルギーと同一視できる．

5.2 微分の順序変更と Maxwell（マックスウェル）関係式

定理（エネルギー方程式）

系の状態をその熱力学的温度と体積 (T,V) で表すとき，内部エネルギー $U(T,V)$ と圧力 $P(T,V)$ は次のエネルギー方程式とよばれる微分方程式を満たす．

$$\left(\frac{\partial U}{\partial V}\right)_T = -P + T\left(\frac{\partial P}{\partial T}\right)_V.$$

【証明】

系の Helmholtz 自由エネルギーの 2 階偏微分の順序を交換することにより

$$\left(\frac{\partial S}{\partial V}\right)_T = -\left(\frac{\partial}{\partial V}\left(\frac{\partial F}{\partial T}\right)_V\right)_T = -\left(\frac{\partial}{\partial T}\left(\frac{\partial F}{\partial V}\right)_T\right)_V = \left(\frac{\partial P}{\partial T}\right)_V, \tag{5.3}$$

が得られる．また，系のエントロピー $S(T, V)$ は Clausius 等式 $TdS = dU + PdV$ を満たすので次の等式が成り立つ．

$$T\left(\frac{\partial S}{\partial V}\right)_T = \left(\frac{\partial U}{\partial V}\right)_T + P.$$

これらの 2 式より

$$\left(\frac{\partial U}{\partial V}\right)_T + P = T\left(\frac{\partial P}{\partial T}\right)_V,$$

が成り立つので，エネルギー方程式が成り立つ．証明終わり．

このように熱力学関数の偏微分の順序変更によって得られる関係式は Maxwell 関係式とよばれる．すなわちエネルギー方程式は Maxwell 関係式の一つである．

5.3　熱力学応答関数の性質

始めに，偏導関数の間に成り立つ数学公式を導く．

公式

ある微分可能な関数 f によって，実変数 x, y, z の間には陰関数 $f(x, y, z) = 0$ の関係があるとき，次の公式が成り立つ．

$$\left(\frac{\partial x}{\partial y}\right)_z = \left(\frac{\partial y}{\partial x}\right)_z^{-1}, \tag{5.4}$$

$$\left(\frac{\partial y}{\partial x}\right)_z \left(\frac{\partial z}{\partial y}\right)_x \left(\frac{\partial x}{\partial z}\right)_y = -1. \tag{5.5}$$

【式 (5.4) の証明】

変数 z を一定にすると x は y の 1 変数関数となるから，1 変数関数の導関数に対する公式により式 (5.4) が成り立つ．

【式 (5.5) の証明】

同様に z を一定にすると y は x の関数となり，z の x による導関数は，y を一定にした x での偏微分からなる項と，x を一定にして y を通じての偏微分からなる項の和で次のように書かれる．

$$0 = \frac{dz}{dx} = \left(\frac{\partial z}{\partial x}\right)_y + \left(\frac{\partial z}{\partial y}\right)_x \left(\frac{\partial y}{\partial x}\right)_z ,$$

この式の第 1 項に公式 (5.4) を使うことにより式 (5.5) が導かれる．

5.3.1 熱容量，圧縮率，膨張率の関係 [3]

● 圧縮率と膨張率

等温圧縮率 κ_T，断熱圧縮率 κ_S，定圧膨張率 α_P は次で定義される．

$$\kappa_T = -\frac{1}{V}\left(\frac{\partial V}{\partial P}\right)_T , \qquad \kappa_S = -\frac{1}{V}\left(\frac{\partial V}{\partial P}\right)_S , \qquad \alpha_P = \frac{1}{V}\left(\frac{\partial V}{\partial T}\right)_P .$$

圧縮率は圧力の準静的変化に対する単位体積あたりの体積の変化率に負符号をつけて表し，負にならないように定義されている．等温圧縮率 κ_T は等温環境での圧縮率，断熱圧縮率 κ_S は断熱環境での圧縮率を表す．圧力を増加させたとき，体積が増加する物質はないので圧縮率が負になることはない．定圧膨張率 α_P は定圧環境において，準静的な温度変化に対する単位体積あたりの体積の変化率を表している．定圧膨張率は水などのように温度領域によって，稀にではあるが負になることもある．

● 熱容量，圧縮率，膨張率の関係

定積熱容量 C_V，定圧熱容量 C_P，等温圧縮率 κ_T，断熱圧縮率 κ_S，定圧膨張率 α_P の間に次の関係が成り立つ．

$$\kappa_T(C_P - C_V) = TV\alpha_P^2, \tag{5.6}$$

$$C_P(\kappa_T - \kappa_S) = TV\alpha_P^2. \tag{5.7}$$

【証明】

状態方程式によりエントロピー $S(T,V)$ は P，V，T のうちどの2変数の関数としても考えることができる．また，P，S，T，V のどの変数も他の2変数の関数として考えることができる．S と P を (T,V) の関数と考えて S を T で微分した偏導関数を表すと

$$\left(\frac{\partial S}{\partial T}\right)_P = \left(\frac{\partial S}{\partial T}\right)_V + \left(\frac{\partial S}{\partial V}\right)_T \left(\frac{\partial V}{\partial T}\right)_P,$$

であり，同様に V と T を (S,P) の関数と考え，

$$\left(\frac{\partial V}{\partial P}\right)_T = \left(\frac{\partial V}{\partial P}\right)_S + \left(\frac{\partial V}{\partial S}\right)_P \left(\frac{\partial S}{\partial P}\right)_T,$$

と表すことができる．したがって，

$$\begin{aligned}
\kappa_T(C_P - C_V) &= -\frac{T}{V}\left(\frac{\partial V}{\partial P}\right)_T \left[\left(\frac{\partial S}{\partial T}\right)_P - \left(\frac{\partial S}{\partial T}\right)_V\right] \\
&= -\frac{T}{V}\left(\frac{\partial V}{\partial P}\right)_T \left(\frac{\partial S}{\partial V}\right)_T \left(\frac{\partial V}{\partial T}\right)_P, \\
C_P(\kappa_T - \kappa_S) &= -\frac{T}{V}\left(\frac{\partial S}{\partial T}\right)_P \left[\left(\frac{\partial V}{\partial P}\right)_T - \left(\frac{\partial V}{\partial P}\right)_S\right] \\
&= -\frac{T}{V}\left(\frac{\partial S}{\partial T}\right)_P \left(\frac{\partial V}{\partial S}\right)_P \left(\frac{\partial S}{\partial P}\right)_T,
\end{aligned}$$

公式 (5.5) により

$$\left(\frac{\partial V}{\partial P}\right)_T \left(\frac{\partial P}{\partial T}\right)_V \left(\frac{\partial T}{\partial V}\right)_P = -1$$

であり，Maxwell 関係式 (5.3) と公式 (5.4) から

$$\left(\frac{\partial V}{\partial P}\right)_T \left(\frac{\partial S}{\partial V}\right)_T = -\left(\frac{\partial V}{\partial T}\right)_P,$$

が導かれる．よって定圧膨張率の定義から式 (5.6) が導かれる．式 (5.7) も同様に Maxwell 関係式 (5.16)（式 (5.15) とともに5章の問題 問5.4 で紹介）と

$$\left(\frac{\partial S}{\partial T}\right)_P \left(\frac{\partial T}{\partial P}\right)_S \left(\frac{\partial P}{\partial S}\right)_T = -1,$$

によって得られる

$$\left(\frac{\partial S}{\partial T}\right)_P \left(\frac{\partial V}{\partial S}\right)_P = -\left(\frac{\partial S}{\partial P}\right)_T,$$

に Maxwell 関係式 (5.15) を用いることによって導かれる．証明終わり．

注意 式 (5.6)(5.7) から熱容量と圧縮率の不等式

$$C_V \leq C_P, \quad \kappa_S \leq \kappa_T$$

が導かれる．また，熱容量の比（比熱比に等しい）は圧縮率の比で次のように表されることもわかる．

$$\frac{C_P}{C_V} = \frac{\kappa_T}{\kappa_S},$$

定積熱容量 C_V と定圧熱容量 C_P のそれぞれを等温圧縮率 κ_T，断熱圧縮率 κ_S，定圧膨張率 α_P で表すと

$$C_P = \frac{TV\alpha_P^2}{\kappa_T - \kappa_S}, \qquad C_V = \frac{\kappa_S TV\alpha_P^2}{\kappa_T(\kappa_T - \kappa_S)},$$

であり，逆に等温圧縮率 κ_T，断熱圧縮率 κ_S を定積熱容量 C_V，定圧熱容量 C_P，定圧膨張率 α_P で表すこともできる．

● 自由エネルギーとエンタルピーの 2 階偏導関数

絶対温度，体積，熱容量，圧縮率が非負の関数であることから Helmholtz 自由エネルギー $F(T,V)$，Gibbs 自由エネルギー $G(T,P)$，エンタルピー $H(S,P)$ の各変数についての 2 階偏導関数は次のように定符号であることがわかる．

$$\left(\frac{\partial^2 F}{\partial T^2}\right)_V = -\left(\frac{\partial S}{\partial T}\right)_V = -\frac{C_V}{T} \leq 0, \quad \left(\frac{\partial^2 F}{\partial V^2}\right)_T = -\left(\frac{\partial P}{\partial V}\right)_T = \frac{1}{V\kappa_T} \geq 0,$$
$$\left(\frac{\partial^2 G}{\partial T^2}\right)_P = -\left(\frac{\partial S}{\partial T}\right)_P = -\frac{C_P}{T} \leq 0, \quad \left(\frac{\partial^2 G}{\partial P^2}\right)_T = \left(\frac{\partial V}{\partial P}\right)_T = -V\kappa_T \leq 0,$$
$$\left(\frac{\partial^2 H}{\partial S^2}\right)_P = \left(\frac{\partial T}{\partial S}\right)_P = \frac{T}{C_P} \geq 0, \quad \left(\frac{\partial^2 H}{\partial P^2}\right)_S = \left(\frac{\partial V}{\partial P}\right)_S = -V\kappa_S \leq 0.$$

したがって，自由エネルギーとエンタルピーは各変数を一定に保つとき，もう一方の変数について下に凸であるか，または上に凸の関数である．

5.4 熱力学変数としての物質量

ここでは，内部エネルギーや温度，体積だけでなく物質量も変化する系を取

り扱うため，物質量も変数とするように熱力学を拡張する．ある気体からなる系の物質量を n，圧力を P，絶対温度を T，内部エネルギーを U，体積を V，エントロピーを S，Helmholtz 自由エネルギーを F，Gibbs 自由エネルギーを G，エンタルピーを H とする．

注意　物質量，体積は示量変数であり，圧力，絶対温度は示強変数である．物質量を一定とした場合に，完全な示量的熱力学関数 $U(S,V)$，$S(U,V)$，$F(T,V)$，$G(P,T)$，$H(S,P)$ のうち示強変数だけの関数となるのは $G(P,T)$ のみであることに注意せよ．

5.4.1　化学ポテンシャル

物質量 n も熱力学変数とし，Gibbs 自由エネルギー $G(n,P,T)$ を (n,P,T) の関数とすると，G と n は示量変数，P と T は示強変数であることから，

$$G(n,P,T) = nG(1,P,T) = n\mu(P,T),$$

である．ただし，1 mol あたりの Gibbs 自由エネルギーを $G(1,P,T) = \mu(P,T)$ と書いた．この 1 mol あたりの Gibbs 自由エネルギー $\mu(P,T)$ は化学ポテンシャル (chemical potential) とよばれる．物質量 n が一定の場合，Gibbs 自由エネルギーの全微分は

$$dG = -SdT + VdP = nd\mu,$$

であるから，物質量 n も熱力学変数とするならば，Gibbs 自由エネルギーの全微分は，

$$dG = d(n\mu) = nd\mu + \mu dn = -SdT + VdP + \mu dn$$

と表される．このとき，Helmholtz 自由エネルギー $F = G - PV$，内部エネルギー $U = F + TS$，エンタルピー $H = U + PV$ の全微分は次のようになる．

$$\begin{aligned} &dF = -SdT - PdV + \mu dn, \qquad dU = TdS - PdV + \mu dn, \\ &dH = TdS + VdP + \mu dn, \end{aligned} \tag{5.8}$$

特に，第2式は物質量を変数とする場合に拡張された熱力学第1法則である．以上で形式的な関係式を導いたが，以下では物質量を変数としたときの物理的

現象を具体的に考察しよう.

5.4.2 等温環境における平衡状態

容積 V のシリンダーがそれぞれ容積 V_1, V_2 の 2 つの部屋に壁で仕切られている. ただし, $V_1 + V_2 = V$ であるとする. 物質量 n_1, n_2 の同種の気体をそれぞれの部屋に閉じ込め, 両方を絶対温度 T の等温環境におく.

(1) 仕切りの壁を気体を通さない可動壁に置き換えると, 壁は動き始め, それぞれの気体の体積が V_1', V_2' で平衡状態になった. Helmholtz 自由エネルギーの変化から定まる最大仕事は気体が実際に行った力学的仕事より大きい. 複合系としてはこの過程で, 力学的仕事を行っていないので

$$F(n_1, T, V_1) + F(n_2, T, V_2) - F(n_1, T, V_1') - F(n_2, T, V_2') \geq 0.$$

よって, $F(n_1, T, V_1) + F(n_2, T, V_2) \geq F(n_1, T, V_1') + F(n_2, T, V_2')$ となり, この不等式が $V_1 + V_2 = V$ を満たす任意の V_1, V_2 について成り立つから, 与えられた n_1, n_2, T で Helmholtz 自由エネルギーの和を最小にするような V_1', V_2' で平衡状態になる. 始めに圧力 P と絶対温度 T は示強変数であるから, 状態方程式から圧力 P は絶対温度 T と物質量密度 n/V の関数であることに注意しよう. $dV_1' = -dV_2'$ と

$$P(n_i/V_i', T) = -\frac{\partial F}{\partial V_i'},$$

より, この終状態では $P(n_1/V_1', T) = P(n_2/V_2', T)$ であり, $n_1/V_1' = n_2/V_2'$ となる. よって, この終状態は仕切りを外して十分時間が経ってから仕切りを元の位置に戻して得られる状態に等しいので, 次がわかる.

$$F(n_1, T, V_1') + F(n_2, T, V_2') = F(n_1 + n_2, T, V_1 + V_2)$$

(2) 仕切りの壁に小さな穴を開けると, それぞれの部屋の物質量が n_1', n_2' で平衡状態になった. 過程の前後の Helmholtz 自由エネルギーの関係は, $n_1 + n_2 = n_1' + n_2' =$ 一定を満たす任意の n_1, n_2 について

$$F(n_1, T, V_1) + F(n_2, T, V_2) \geq F(n_1', T, V_1) + F(n_2', T, V_2)$$

で与えられ, Helmholtz 自由エネルギーの和は平衡状態の n_1', n_2' で最小にな

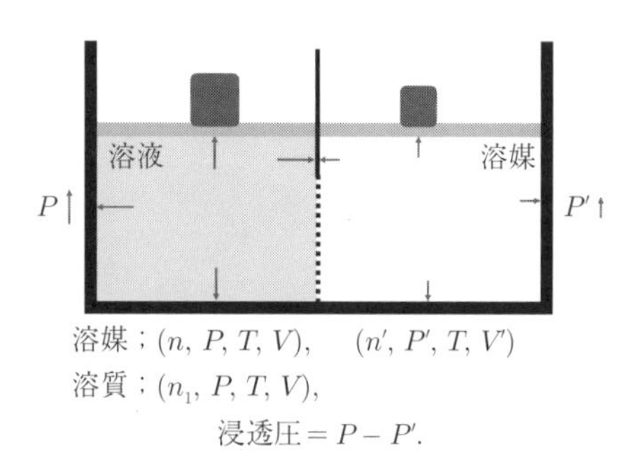

図 5.5　浸透圧: 溶質を溶媒に溶かすと，溶媒は通すが溶質は通さない半透膜で右の部屋と隔てられた左の部屋に閉じ込められている溶質によって溶液の圧力が増加する．

ると仮定する．この仮定と $dn'_1 = -dn'_2$ および

$$\mu(P_i, T) = \frac{\partial F}{\partial n_i},$$

により，$\mu(P_1, T) = \mu(P_2, T)$ であり，$P_1 = P_2$ および $n'_1/V_1 = n'_2/V_2$ を与える．すなわち，終状態は仕切りを外して得られる単一系の唯一の平衡状態に等しく，全系の Helmholtz 自由エネルギーも次のように等しいので，仮定の正当性が確かめられる．

$$\begin{aligned} F(n'_1, T, V_1) + F(n'_2, T, V_2) &= F(n_1 + n_2, T, V_1 + V_2) \\ &= F(n_1, T, V'_1) + F(n_2, T, V'_2). \end{aligned}$$

5.4.3　希薄溶液と浸透圧 [4]

溶質を溶媒に溶かして，それぞれの密度が一様となった系を溶液という．溶液としてたとえば食塩水を考えると，溶質は食塩であり，溶媒は水である．溶質は通さないが，溶媒は選択的に通すような膜を半透膜という．半透膜で仕切られた 2 つの部屋に濃度の異なる溶液を入れると 2 部屋の間に圧力差が生じる．この現象を浸透圧という．

図 5.5 のように，半透膜を挿入することにより 2 部屋に仕切られている容器に物質量 $n + n'$[mol] の溶媒を入れた．このとき溶媒の圧力はどちらの部屋でも P_0 であり，絶対温度 T で，左右の部屋のそれぞれの体積は V，V' であり，左右の部屋の溶媒の物質量をそれぞれ n_0，n'_0[mol] とすると次のように左右の

部屋の物質量密度は一致する.

$$\frac{n_0}{V} = \frac{n_0'}{V'}.$$

その後, 左の部屋の溶媒に物質量 n_1[mol] の溶質をゆっくり溶かし溶液を作る. この操作によって, 左の部屋には, 物質量 n[mol] の溶媒に物質量 n_1[mol] の溶質を溶かした溶液が, 圧力 P, 絶対温度 T, 体積 V で存在し, 右の部屋には, 物質量 n', 圧力 P', 絶対温度 T, 体積 V', の純粋溶媒が存在し, 平衡状態となった. 溶液全体が左の部屋に与える圧力 P から, 右の部屋の圧力 P' を引いた左右の部屋の圧力差 $P - P'$ を浸透圧という. 溶液が希薄な場合, すなわち $n_1 \ll n, n'$ ならば, 浸透圧は近似的に次の van't Hoff（ファントホッフ）の公式に従う.

$$P - P' = \frac{n_1 RT}{V}. \tag{5.9}$$

ここでは, この van't Hoff の公式を理解しよう.

● 相互作用のない場合

始めに予備的な考察として, 希薄な溶液中の溶質は溶媒と相互作用せず理想気体として振る舞うと仮定して浸透圧を求めてみる. この理想化された仮定はほとんどの溶液に対して成り立たないが, 直感的に van't Hoff の公式を導くことができる. 溶質と溶媒の間の相互作用がないなら, 溶質の分圧という概念が成り立つ. 溶質の分圧 P_1 は理想気体の状態方程式

$$P_1 V = n_1 RT$$

に従い, $P = P_1 + P'$ であるから, 浸透圧 $P - P'$ に対する van t'Hoff の公式 (5.9) が, この場合に得られる. この理想化された仮定では, 溶質は溶媒に何も影響を与えないため, 溶質を溶かす前後で $n_0 = n$, $n_0' = n'$, $P_0 = P'$, となる. しかし, 実際の溶液では溶質と溶媒の相互作用があるので, $n_0 + n_0' = n + n'$ ではあるが, 溶質は溶媒を押しのけ移動をもたらす. $n_0 \neq n$ かつ $n_0' \neq n'$, $P_0 \neq P'$ であり, 溶質と溶媒を相互作用しない理想気体として扱うことはできず, 分圧という概念も成り立たない. それでも, 溶液が希薄である条件 $n_1 \ll n$ のもとでは van't Hoff の公式 (5.9) が近似的に成り立つ. 以下では, それを解説する.

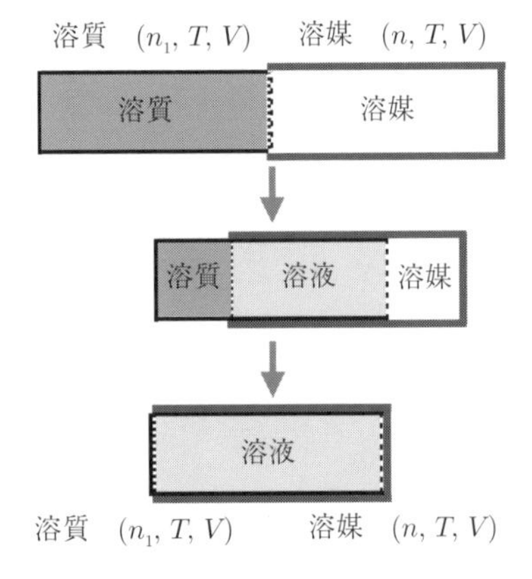

図 5.6　溶質と溶媒の準静的等温混合過程: 溶媒は通すが溶質は通さない半透膜と，逆に溶質は通すが溶媒を通さない半透膜で隔てられた，左右の部屋に閉じ込められている溶質と溶媒を用意し，それらを混合させることで溶液を準静的に作成する等温過程.

● 希薄溶液の Helmholtz 自由エネルギーと状態方程式

図 5.6 のように，溶媒は通すが溶質は通さない半透膜と，逆に溶質は通すが溶媒を通さない半透膜で隔てられた，左右の部屋に閉じ込められている溶質と溶媒を用意し，それらを混合させることで溶液を準静的に作成する等温過程を定め，溶液の Helmholtz 自由エネルギーを構築する．始状態は独立な溶質と溶媒であり，溶質は希薄で $n_1/V \ll n/V$ であるから，理想気体として始状態の Helmholtz 自由エネルギーが定まっているとする．

$$F_0(n,T,V) + n_1 c_V T - n_1 RT \log T^{c_V/R} V/n_1.$$

ただし，純粋溶媒の Helmholtz 自由エネルギーを F_0，溶質のモル定積比熱を c_V とした．準静的等温混合過程の力学的な仕事を $W(n,n_1,T,V)$ とすると，終状態における溶液の Helmholtz 自由エネルギーは

$$F(n,n_1,T,V) = F_0(n,T,V) + n_1 c_V T - n_1 RT \log T^{c_V/R} V/n_1 - W(n,n_1,T,V),$$

と書くことができる．力学的仕事は示量変数であるから

$$W(n,n_1,T,V) = nW(1, n_1/n, T, V/n)$$

と表すことができる．溶質がない $n_1 = 0$ の場合は，溶液作成のための仕事は

$W(n,0,T,V)=0$ であることに注意し，$n_1/n \ll 1$ が小さいことから力学的仕事に次の線形応答

$$W(1,n_1/n,T,V/n) \simeq \frac{n_1}{n}w'(T,V/n)$$

を仮定する．溶質と溶媒によっては必ずしもこの線形応答が成り立つわけではないが，ここでは仮定が成り立つように安定して希薄溶液が作成できる場合のみを考える．これによって溶液の Helmholtz 自由エネルギーは

$$\begin{aligned}
&F(n,n_1,T,V)\\
&= nF_0(1,T,V/n)+n_1c_VT-n_1RT\log T^{c_V/R}V/n_1-n_1w'(T,V/n)\\
&= nF_0(1,T,v)+n_1c_VT-n_1RT(\log T^{c_V/R}v-\log n_1/n)-n_1w'(T,v),
\end{aligned}$$

と書かれる．ただし溶媒のモル体積を $v=V/n$ とおいた．溶液の圧力 P に対する状態方程式は

$$P=-\frac{\partial F}{\partial V}=-\frac{1}{n}\frac{\partial F}{\partial v}=-\frac{\partial F_0}{\partial v}(1,T,v)+\frac{n_1}{n}\Big(\frac{\partial w'}{\partial v}+\frac{RT}{v}\Big).$$

● 希薄溶液の Gibbs 自由エネルギー

上で求めた状態方程式より，溶媒のモル体積 v は P，T，n_1/n の関数 $v(n_1/n,P,T)$ と考えることができる．$w'=0$ の場合は，圧力 P は溶媒と溶質の分圧の和となる．溶媒のモル体積を

$$v(n_1/n,P,T) \simeq v(0,P,T)+\frac{n_1}{n}v'$$

と展開する．これを用いて溶液の Gibbs 自由エネルギーを近似的に計算するため，1mol あたりの Helmholtz 自由エネルギーを次のように展開する．

$$\begin{aligned}
F(1,n_1/n,T,v(0,P,T)+n_1v'/n) &\simeq F(1,n_1/n,T,v(0,P,T))+\frac{n_1v'}{n}\frac{\partial F}{\partial v}\\
&= F(1,n_1/n,T,v(0,P,T))-Pn_1v'.
\end{aligned}$$

この展開に注意して溶液の Gibbs 自由エネルギーを n_1/n について 1 次近似で求めると

$$\begin{aligned}
G(n,n_1,P,T) &= F(n,n_1,T,V)+PV\\
&\simeq nF(1,n_1/n,T,v(0,P,T)+n_1v'/n)+P(nv(0,P,T)+n_1v')
\end{aligned}$$

$$\simeq nF(1, n_1/n, T, v(0, P, T)) + nPv(0, P, T)$$
$$= ng_0(P, T) + n_1 g_1(P, T) + n_1 RT(\log n_1/n - 1), \quad (5.10)$$

と，表すことができる．ただし，

$$g_0(P, T) = F_0(1, T, v(0, P, T)) + Pv(0, P, T), \quad (5.11)$$
$$g_1(P, T) = (c_V + R)T - RT \log T^{c_V/R} v(0, P, T) - w'(T, v(0, P, T)), \quad (5.12)$$

とした．Gibbs 自由エネルギー (5.10) において $n_1 = 0$ として得られる項から $g_0(P, T)$ を (5.11) で定義し，溶質に対する理想気体の化学ポテンシャルに w' による補正を加えた項によって $g_1(P, T)$ を (5.12) で定義した．$g_1(P, T)$ は n に依存していないことに注意せよ．

〚 van't Hoff の公式の導出 〛

再び浸透圧の議論に戻る．図 5.5 の左の部屋の溶液の Gibbs 自由エネルギーは上の式であり，右の部屋の溶媒の Gibbs 自由エネルギーは

$$G(n', 0, P', T) = n' g_0(P', T),$$

で与えられる．右の部屋の溶媒の化学ポテンシャルは $g_0(P', T)$ である．2 つの部屋が平衡状態にあるため溶媒の化学ポテンシャルは次のように等しい．

$$g_0(P, T) - \frac{n_1 RT}{n} = \frac{\partial G}{\partial n}(n, n_1, P, T) = \frac{\partial G}{\partial n'}(n', 0, P', T) = g_0(P', T).$$

$P' - P$ が微小量であるとして右辺を展開すると

$$g_0(P', T) \simeq g_0(P, T) + (P' - P)\frac{\partial g_0}{\partial P} = g_0(P, T) + (P' - P)\frac{V}{n}.$$

なお，水のように等温で加圧しても体積がほとんど変わらない非圧縮性の溶媒では $\partial^2 g_0/\partial P^2 = \partial(V/n)/\partial P = 0$ となって，$P' - P$ が微小でなくても上式が成り立つ．上の 2 式より

$$g_0(P, T) - \frac{n_1 RT}{n} \simeq g_0(P, T) + (P' - P)\frac{V}{n},$$

となるため，van't Hoff の公式 (5.9) が導かれる．この結果は溶質の w' を含んだ $g_1(P, T)$ の詳細に依存しない．

例題 溶液である食塩水中において，溶質の食塩は Na^+ と Cl^- に電離し溶液の中に一様に存在している．食塩水に対して溶媒の水は通すが，Na^+ と Cl^- は選択的に通さない半透膜で隔てられた食塩水と水からなる系を考える．Na の原子量を 23，Cl の原子量を 35.5，食塩水の質量濃度を 1 %，その密度を 1 g/cm^3 として，300K における浸透圧を求めよ．van't Hoff の公式が各電離した溶質に対して成り立ち，溶質の間の相互作用は弱いとしてこれらに分圧の法則が成り立つとしてよい．

解答 質量濃度 1 %の食塩水 1kg は食塩 10 g を含有している．Na^+ と Cl^- の物質量はどちらも $n_{\mathrm{Na}} = n_{\mathrm{Cl}} = \frac{10}{58.5} = 1.7 \times 10^{-1}$ mol である．この食塩水 1kg の体積は $1 \times 10^{-3}\mathrm{m}^3$ であるから，それぞれの物質量密度は 1.7×10^2 mol/m^3 である．浸透圧に対する van't Hoff の公式 (5.9) によれば，Na^+ と Cl^- の浸透圧は等しく

$$P_{\mathrm{Na}} = P_{\mathrm{Cl}} = \frac{n_{\mathrm{Na}}RT}{V} = 1.7 \times 10^2 \times 8.31 \times 300 = 4 \times 10^5 \ \mathrm{Pa},$$

となるので，分圧の法則から浸透圧は $P_{\mathrm{Na}} + P_{\mathrm{Cl}} = 8 \times 10^5$ Pa と求まる．このように濃度 1 %の食塩水の物質量密度は気体の標準状態（たとえば，1 mol，10^5 Pa，300 K で 40 mol/m^3）より大きく，浸透圧は 8 気圧程度になる．

実際には食塩を水に溶かすとすべてが Na^+ と Cl^- に電離して溶けるわけではなく，1 割程度は NaCl のまま比較的大きな塊で溶液中に含有され，浸透圧には寄与しない．この例題で要求されている精度は 1 桁なので，電離しない 1 割程度の食塩の効果は無視してよい．

溶媒の圧力をはるかに超える浸透圧について van't Hoff の公式が適用できるのは，水などの溶媒が非圧縮の性質をもつからである．

5.4.4 グランドポテンシャル

Helmholtz 自由エネルギー $F(n, T, V)$ から Legendre 変換によって，物質量 n のかわりに化学ポテンシャル μ が独立変数となる熱力学関数 $\Omega(T, V, \mu)$ を

$$\Omega(T,V,\mu)=\min_n[-n\mu+F(n,T,V)] \tag{5.13}$$

で定義しグランドポテンシャルとよぶ．$F(n,T,V)=\max_P[n\mu(P,T)-PV]$ であるから $\Omega(T,V,\mu)=-PV$ となって状態方程式が得られる．この関数 $\Omega(T,V,\mu)$ の全微分

$$d\Omega=-nd\mu-SdT-PdV,$$

から次が導かれる．

$$n=-\left(\frac{\partial\Omega}{\partial\mu}\right)_{T,V},\quad S=-\left(\frac{\partial\Omega}{\partial T}\right)_{\mu,V},\quad P=-\left(\frac{\partial\Omega}{\partial V}\right)_{\mu,T}.$$

例題　物質量 x の関数 $\omega(x)=-x\mu+F(x,T,V)$ は極値 $\omega'(n)=0$ を与える $x=n$ で最小値をとることを示せ．

解答　極値を与える n での平衡状態の圧力を $P(n,T,V)$ とし，任意の $x=n'$ に対して $V'=\frac{n'}{n}V$ と定義すると，$P(n,T,V)=P(n',T,V')$ と，化学ポテンシャルは Gibbs 自由エネルギーによって表されることから

$$\begin{aligned}
&\omega(n')-\omega(n)=\mu n-\mu n'+F(n',T,V)-F(n,T,V)\\
&=G(n,T,P(n,T,V))-G(n',T,P(n',T,V'))+F(n',T,V)\\
&\quad-F(n,T,V)\\
&=PV+F(n,T,V)-PV'-F(n',T,V')+F(n',T,V)-F(n,T,V)\\
&=P(V-V')-F(n',T,V')+F(n',T,V)\\
&=W_{\max}[(n',T,V)\to(n',T,V')]-P(V'-V)\geq 0.
\end{aligned} \tag{5.14}$$

最後の不等式には等温過程 $(n',T,V)\to(n',T,V')$ に対する最大仕事の原理を用いた．

5 章の問題

問 5.1　関数 $u(P) = H(S,P) - PV$ を P の関数とみなすとき，$u(P)$ は平衡を与える P で極大となることを示せ．これによってエンタルピー $H(S,P)$ を $U(S,V) = \max_P[H(S,P) - PV]$，と Legendre 逆変換すると完全な熱力学関数としての内部エネルギーが得られる．

問 5.2　Helmholtz 自由エネルギー $F(T,V)$，Gibbs 自由エネルギー $G(T,P)$，エンタルピー $H(P,S)$ が完全であることを示せ．

問 5.3　単原子分子理想気体の Helmholtz 自由エネルギー $F(T,V)$，Gibbs 自由エネルギー $G(T,P)$，エンタルピー $H(P,S)$ を求めよ．

問 5.4　Gibbs 自由エネルギー $G(T,P)$，エンタルピー $H(P,S)$ から次の Maxwell 関係式を導け．

$$\left(\frac{\partial S}{\partial P}\right)_T = -\left(\frac{\partial V}{\partial T}\right)_P, \tag{5.15}$$

$$\left(\frac{\partial T}{\partial P}\right)_S = \left(\frac{\partial V}{\partial S}\right)_P. \tag{5.16}$$

問 5.5　5.3.1 項の式 (5.6) と (5.7) より，等温圧縮率 κ_T と断熱圧縮率 κ_S を定積熱容量 C_V，定圧熱容量 C_P，圧膨張率 α_P，絶対温度 T，体積 V で表せ．

問 5.6　単原子分子理想気体の等温圧縮率，断熱圧縮率，定圧膨張率を求め，5.3 節で得られた性質を確かめよ．

問 5.7　5.4.2 項の (1) または (2) で与えられた状態変化 $(n_1,T,V_1;n_2,T,V_2) \to (n_1,T,V_1';n_2,T,V_2')$ による Helmholtz 自由エネルギーの変化を理想気体の場合に具体的に考察しよう．それぞれ単一系の状態変化 $(n_1,T,V_1) \to (n_1,T,V_1')$ または $(n_2,T,V_2) \to (n_2,T,V_2')$ においてそれぞれの Helmholtz 自由エネルギーの変化は，準静的過程で気体のする最大仕事の逆符号に等しい．それぞれの状態変化に対する準静的過程を具体的に構成し，気体のする仕事を求め，それから求められる両者の Helmholtz 自由エネルギーの変化の和が負であることを確かめよ．

問 5.8　物質量，絶対温度，体積 (n, T, V) における化学ポテンシャルを μ とし，グランドポテンシャルを $\Omega(\mu, T, V)$ とする．固定された (n, T, V) に対し定義される関数 $f(x) = nx + \Omega(x, T, V)$ は $x = \mu$ で極値 $f'(\mu) = 0$ をとり，その極値は f の最大値であることを示せ．したがって，Legendre 逆変換によって，$F(T, V, n) = \max_\mu[n\mu + \Omega(\mu, T, V)]$ を定義できる．

問 5.9　単原子分子理想気体に対するグランドポテンシャル $\Omega(\mu, T, V)$ を求めよ．また，得られた関数から物質量 n を (μ, T, V) の関数として求め，圧力，エントロピー，定積熱容量を (n, T, V) の関数として求めよ．

第6章

実在気体

6.1 気体の希薄極限と理想気体温度計

熱浴の絶対温度計測のための理想気体温度計について，原理を説明する．絶対温度はエントロピーから定まる熱力学温度のことであり，理想気体温度に一致する．いかなる気体でも，物質量密度 n/V が小さいとき，状態方程式のビリアル展開

$$\frac{PV}{n} = RT\left[1 + b_2(T)\frac{n}{V} + b_3(T)\left(\frac{n}{V}\right)^2 + \cdots\right], \tag{6.1}$$

がよい近似となり，希薄極限 $n/V \to 0$ では理想気体の状態方程式に一致する．これは，希薄な気体では分子間の相互作用が弱まるためであると考えられている．図 6.1 には，いくつかの気体，N_2，理想気体，H_2，CO_2 に対して，希薄極限近傍の物質量密度と PV/n の関係を図示している．縦軸上の点は気体の希薄極限なので，切片の値はすべての気体で理想気体温度に一致する．気体定数 R の数値は確定値として定義されている Avogadro 数と Boltzmann 定数から確定していることに注意する．以下では，実在気体の希薄極限として得られる理想気体を用いた温度計測について述べる．温度を測定したい熱浴とある気体を平衡状態にし，その気体の物質量密度 n/V を準静的に変化させながら圧力 P と V を計測する．気体の圧力と物質量密度のグラフから $PV/(nR)$ の希薄極限を外挿して求めればその値 T が熱浴の温度である．任意の温度の熱浴にも同じ操作で気体の希薄極限の値を P と n/V の測定値から外挿することができ，

$$T = \frac{1}{R}\lim_{n/V\to 0}\frac{PV}{n},$$

と計測される．この計測結果を任意に選んだ圧力ではたらく温度計に書き入れ

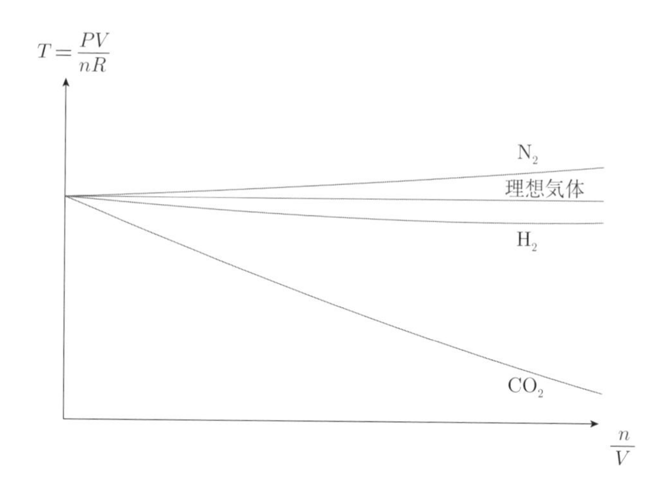

図 6.1　温度一定での状態変化（上から N_2，理想気体，H_2，CO_2）

れば，絶対温度の目盛りをもつ温度計が作成できる．

以下の章では実際の気体に関する現象論的な考察を行う．これまでと異なり，導かれる数式は近似式で，気体や熱力学状態の領域によっては精度が悪いこともある．

6.2　多原子分子理想気体

窒素や酸素，水など多原子分子からなる気体を考える．分子を自由な剛体として古典統計力学で扱うと，比熱は温度領域によっては実験とほぼ一致する．1分子のエネルギーは自由度3の並進運動の運動エネルギーからなる．これに加えて，2原子分子では対称軸を回転させる自由度2，一般の多原子分子では自由度3の回転エネルギーからなる．よってHe，Arなどの単原子分子は自由度3，O_2，HClなどの2原子分子は自由度5，H_2O，CO_2 は自由度6のエネルギーをもつ．気体分子の運動の自由度を D とおくとき，その気体1 molの内部エネルギーは $\frac{D}{2}RT$ であり，1自由度に $RT/2$ のエネルギーが等しく分配されている．この規則を等分配の法則という．特に単原子分子気体では沸点より少し上の広い温度範囲（～数 10^3K，10^3hPa）で等分配の法則が成り立つ．一方，2原子分子や多原子分子気体では等分配の法則が成り立つ温度領域が単原子分子気体に比べて狭く，他の温度領域で原子の振動の比熱への寄与が観測さ

表 6.1　気体のモル比熱（注釈がない場合 300K）．NIST より転載 [5]．

物質	定積モル比熱 [J/(K mol)]	定圧モル比熱 [J/(K mol)] (10^5Pa)
He	12.473	20.786
Ar	12.479	20.834
H_2	20.534	28.853
N_2	20.819	29.171
O_2	21.078	29.435
H_2O (372.76K)	28.010	37.444
H_2O (600K)	28.103	36.513
CO_2	29.016	37.520
CO_2 (400K)	33.051	41.446

れる．たとえば 2 原子分子の H_2 の定積モル比熱は低温で $3R/2$，室温付近で $5R/2$，高温で $7R/2$ となる温度領域があり，途中の狭い温度領域で連続に変化する．すなわち，低温では回転運動は観測されず $D=3$ が観測され，室温付近では $D=5$，高温では $D=7$ が観測される．高温では，並進運動と回転運動の自由度 5 に加え，原子振動の自由度が 1 次元の調和振動子の運動エネルギーと位置エネルギーの 2 自由度からなるとして理解できる．たとえば多原子分子の CO_2 の状態方程式は，低圧力，低密度で理想気体のように振る舞うが，理想気体からずれているような気体では，原子振動の量子力学的な効果により比熱が温度に強く依存する．また，理想気体では状態方程式 $PV=RT$ が成り立つので，定圧モル比熱 c_P を定積モル比熱 c_V で表すと

$$c_P = c_V + R,$$

となる．これは Mayer（マイヤー）の関係式とよばれ，分子間相互作用の影響が弱くなる低密度のときは良い近似で成り立つ．Mayer の関係式が近似的に成り立つ領域における実際の気体の比熱を表 6.1 に示す．定圧モル比熱を c_P [J/(K mol)]，定積モル比熱を c_V [J/(K mol)] として，気体定数 $R=8.3145$ で割って表 6.1 から換算すると表 6.2 が得られる．Mayer の関係式が近似的に成り立っていても，気体によっては等分配の法則が成り立たないことがわかる．

6.2.1　Mayer（マイヤー）の関係式の補正

表 6.2 に見られるように定圧熱容量と定積熱容量の差に対する Mayer の関係式 $c_P - c_V = R$ は近似的に成り立っている．ここではビリアル展開された状

表 6.2　気体のモル比熱 $/R$（表 6.1 からの換算）.

物質	c_V/R	c_P/R (10^5Pa)	$\frac{c_P-c_V}{R}$	比熱比 c_P/c_V
He	1.5002	2.5000	0.9998	1.6665
Ar	1.5009	2.5057	1.0049	1.6695
H_2	2.4697	3.4702	1.0005	1.4051
N_2	2.5039	3.5084	1.0045	1.4012
O_2	2.5351	3.5402	1.0051	1.3965
H_2O (372.76 K)	3.3800	4.5035	1.1346	1.3368
H_2O (600 K)	3.3692	4.3915	1.0115	1.2993
CO_2	3.4898	4.5126	1.0228	1.2931
CO_2 (400 K)	3.9751	4.9848	1.0097	1.2540

態方程式に従う気体の Mayer の関係への補正を，前章の 5.3.1 項で示した関係 (5.6) によって求める．ビリアル展開の最低次で定圧膨張率 α_P を求めるために，状態方程式の両辺を $P=$ 一定として T で微分すると

$$0=\frac{nR}{V}+(b_2(T)+Tb_2'(T))\frac{n^2R}{V^2}-\left[\frac{nRT}{V^2}+2b_2(T)\frac{n^2RT}{V^3}\right]\frac{\partial V}{\partial T}.$$

これより，定圧膨張率は

$$\alpha_P=\frac{1}{V}\frac{\partial V}{\partial T}=\frac{1}{T}\frac{1+(b_2(T)+Tb_2'(T))\frac{n}{V}}{1+2b_2(T)\frac{n}{V}}$$

と求まる．等温圧縮率の逆数は

$$\kappa_T^{-1}=-V\frac{\partial P}{\partial V}=\frac{nRT}{V}\left[1+2b_2(T)\frac{n}{V}\right]$$

と求まるから，物質量密度の展開を行うと，

$$C_P-C_V=\kappa_T^{-1}TV\alpha_P^2=\frac{nR[1+(b_2(T)+Tb_2'(T))\frac{n}{V}]^2}{1+2b_2(T)\frac{n}{V}}$$

$$\simeq nR\left[1+2(b_2(T)+Tb_2'(T))\frac{n}{V}-2b_2(T)\frac{n}{V}\right]=nR+2nRTb_2'(T)\frac{n}{V}.$$

よって，モル比熱に対しては

$$c_P-c_V-R=2RTb_2'(T)\frac{n}{V},$$

と求まる．

6.3 相転移現象

6.3.1 相転移とは

たとえば，大気圧（1 気圧）において水は 0 ℃未満では氷（固体）であり，加熱して 0 ℃より高温では液体となり，さらに 100 ℃を越えると水蒸気（気体）となる．図 6.2 では，水に代表されるような系が固体，液体，気体として存在する温度と圧力の領域を示している．そのような領域は相とよばれ，相の領域を図示したものを相図という．固体液体気体を表す領域は相であり，それぞれ固相，液相，気相といい，その境界線を相境界という．

環境を変化させることによって系の状態は相境界を越えることがあり，そのような現象は相転移とよばれる．相図 6.2 は典型的な物質の相図である．図には固体，液体，気体の状態が共存する 3 重点とよばれる点が (T_t, P_t) で表され，気相と液相の相境界が消える臨界点とよばれる点が (T_c, P_c) で表されている．

6.3.2 熱力学的極限と解析性の破れ

熱力学において相転移現象を理論的に扱うとき，すべての示量変数を無限大とする極限をとり，示強変数の間の関数関係を調べていく．この極限を熱力学的極限という．図 6.2 の破線のように P_c 未満の定圧環境で系を昇温すると系状態は固相，液相，気相へと変化する．たとえば液相から気相への転移では系

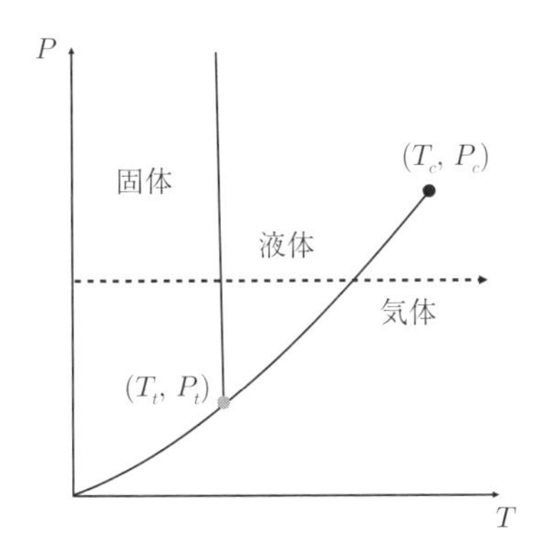

図 6.2　個体，液体，気体の相図．破線は圧力一定での昇温を表す．

のモル体積

$$v(T,P) = \frac{V(T,P)}{n},$$

は絶対温度 T について不連続となる．モル体積はモル密度（物質量密度）の逆数である．よく知られているように，液体の密度は気体の密度より大きい．モル体積またはモル密度の不連続性によって相転移の境界は明確に観測される．たとえば，ある相内の1点 (T_1, P_1) の周りのモル体積 $v(T, P_1)$ の Taylor 展開

$$v(T,P_1) = \sum_{n=0}^{\infty} \frac{(T-T_1)^n}{n!} \frac{\partial^n v}{\partial T_1^n}(T_1,P_1),$$

によって $v(T, P_1)$ が定まっている．すなわち，(T_1, P_1) における $v(T, P)$ の偏微分係数の情報によってその相内の $v(T, P_1)$ が確定している．Taylor 展開で定まる関数を解析関数といい，$v(T, P_1)$ は相の中では解析関数として定まっている．一方，モル体積の不連続性のように，相境界を越えた T に対してはその Taylor 級数は収束しない．一般に熱力学関数の解析性が破れる境界が相境界として定義される．相境界を越えた異なる相は別世界となり，そこでの熱力学関数は別の解析関数で与えられる．圧縮率のように種々の熱力学関数が同じ相境界で発散したり，不連続であったりして特異性を示す．

一方，P_c より大きな圧力の定圧環境でその系を加熱し昇温すると，固相から液相に移る相転移は起るが，液相から気相へのモル体積の不連続性のように明確な相転移は観測されず，系は徐々に液体としての性質から気体としての性質に変化していく．このような場合，次の2つの現象のどちらか一方が可能である．一つ目は，相転移はなく1つの相内で異なる性質に変化するクロスオーバーとよばれる現象であり，二つ目は，相転移を起す相境界はあるが熱力学関数の特異性が弱く明確に相転移を観測できない現象である．クロスオーバーとよばれる現象においては，その相の中で各熱力学関数は1つの解析関数で表され，不連続性などの特異性は示さないが，臨界点 (T_c, P_c) の近傍での T の変化に対してその熱力学関数の値は大きく変化する．たとえば，P_c に近い一定圧力 $P(> P_c)$ の定圧環境で，系を加熱すると系の性質は液体から気体に変化するが，T_c 近傍での昇温に対して，モル体積 $v(T, P_c)$ は大きく変化する．一方，相転移が存在しながらモル体積の不連続性によって定まる液相と気相の間の相境界が消えてしまっており，観測にかからない弱い特異性が隠れていることが

ある．そのような場合，弱くても相転移が存在するので，熱力学関数によっては特異性を観測することが可能となる．このような相転移現象は，理想気体からは大きく外れた状態方程式で記述される．

臨界指数

以下では臨界点の近くで起る臨界現象と相転移について解説する．臨界点付近の性質なので，液体から気体への相転移について考察する．先ほど解説したように，臨界点においていろいろな熱力学関数が特異性をもつ．熱力学のこの分野では臨界指数とよばれる指数によってその特異性を表す習慣となっている．ここでは，それらの臨界指数のうち α，β，γ，δ の定義を述べる．臨界点は圧力と臨界温度，臨界モル体積によって (P_c, T_c, v_c) と与えられるとする．

定積比熱の臨界指数 α

ここでは絶対温度とモル体積の関数としてモル定積比熱 $c_V(T, v)$ を考える．系のモル体積を $v = v_c$ とし高温側 $(T > T_c)$ から臨界点 T_c に近づいたときの特異性で一番大きな寄与を与える項を臨界指数 α によって

$$c_V(T, v_c) \simeq (T - T_c)^{-\alpha}, \tag{6.2}$$

と表す．いろいろな物質において $\alpha > 0$ が観測され，転移点でモル比熱は発散する．また低温側 $(T < T_c)$ から臨界点に近づいたときの特異性は次のように α' で表される．

$$c_V(T, v_c) \simeq (T_c - T)^{-\alpha'}. \tag{6.3}$$

モル体積の不連続性の増加を表す臨界指数 β

モル体積または物質量密度の不連続性は低温側 $(T < T_c)$ で降下温度とともに増加する．液体の最大モル体積を v_1，気体の最小モル体積を v_2 とすると $v_1 < v_2$ であり，その差を温度の関数として

$$v_2 - v_1 \simeq (T_c - T)^{\beta} \tag{6.4}$$

と表す．これは絶対温度 T を一定にして圧力を下げていくと液体だった系が沸騰し，やがて気化する現象として観測される．$v_2 - v_1$ は $v(P, T)$ の P についての不連続性を表している．

等温圧縮率の臨界指数 γ

等温圧縮率は

$$\kappa_T(T,v)=-\frac{1}{v}\left(\frac{\partial v}{\partial P}\right)_T \tag{6.5}$$

によって定義されるが，$v=v_c$ として高温側 $(T>T_c)$ から T を T_c に近づけていったときの一番大きな寄与を示す特異性を次のように臨界指数 γ で表す．

$$\kappa_T(T,v_c)\simeq(T-T_c)^{-\gamma}. \tag{6.6}$$

また低温側 $(T<T_c)$ から臨界点に近づいたときの特異性は次のように γ' で表される．

$$\kappa_T(T,v_c)\simeq(T_c-T)^{-\gamma'}. \tag{6.7}$$

モル体積の非線形応答についての臨界指数 δ

臨界点から大きく離れている点においては流体の圧縮率は有限に確定しているので，絶対温度を一定として圧力を微小量 ΔP だけ変化させると，これに応じたモル体積の変化率は

$$\frac{\Delta v}{v}\simeq-\kappa_T\Delta P,$$

となって ΔP に比例する．このような，環境の微小な変化に応じた変化を線形応答という．一方，臨界点 (T_c,P_c) から絶対温度は T_c に固定したまま圧力を $P_c\to P$ と，高圧側に変化させたとき，圧縮率は発散しているので非線形の応答を次のような臨界指数 δ で表す．

$$v-v_c\simeq-(P-P_c)^{1/\delta}. \tag{6.8}$$

以上のような臨界点近くの熱力学関数の特異的な性質を次の節の van der Waals 気体や Landau の現象論によって調べていく．

6.4　van der Waals（ファン・デア・ワールス）状態方程式

実在気体の現象論的な状態方程式として次の van der Waals 状態方程式がよく用いられる．

$$P = \frac{nRT}{V - nb} - \frac{an^2}{V^2}. \tag{6.9}$$

この状態方程式は2つのパラメーター a, b をもつが，いろいろな気体に対して実際の測定により値を定めることができる．この状態方程式は実際の気体の精密な測定値を再現することはできないが，比較的少ない2つのパラメーターを定めるだけで，半定量的な予言ができるため便利である．これらのパラメーターは，温度や圧力の領域の選び方に依存するため文献によって値が異なる．以下では，この状態方程式をもとに Helmholtz 自由エネルギーを構成してみよう．

6.4.1　van der Waals 気体の Helmholtz 自由エネルギー

van der Waals 気体の内部エネルギー

希薄極限で理想気体になる気体に対しては，c_V を理想気体のモル比熱として，van der Waals 気体の内部エネルギー $U(T,V)$ はエネルギー方程式から，次のように求まる．図 6.3 に $U=$ 一定の T-V 曲線を示す．

$$U = -\frac{an^2}{V} + nc_V T. \tag{6.10}$$

【導出】

エネルギー方程式

$$\left(\frac{\partial U}{\partial V}\right)_T = -P + T\left(\frac{\partial P}{\partial T}\right)_V.$$

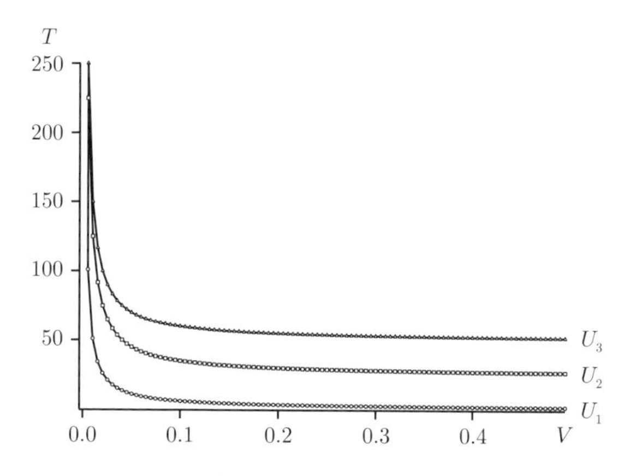

図 6.3　van der Waals 気体の内部エネルギー $U(T,V) =$ 一定曲線

と状態方程式より

$$\left(\frac{\partial U}{\partial V}\right)_T = \frac{an^2}{V^2},$$

が得られ，これを積分することによって

$$U = -\frac{an^2}{V} + nf(T),$$

と表される．ただし $f(T)$ は V を含まない示強的な絶対温度の任意関数である．絶対温度 T を一定に保って物質量密度 $n/V \to 0$，圧力 $P \to 0$ の極限をとるとき，この気体は理想気体になると仮定する．

$$\frac{U}{n} = -\frac{an}{V} + f(T) \to f(T)$$

であるから，理想気体のモル比熱を c_V とおいて $f(T) = c_V T$ と求まる（一般の気体では，希薄極限で実測した定積モル比熱 $c_V(T)$ を積分し $f(T)$ を求めればよい）．よって内部エネルギーは式 (6.10) のように求まる．

● van der Waals 気体のエントロピー

希薄極限で理想気体となる気体の $S(T, V)$ は次のように求まる．

$$S(T, V) = nR \log T^{c_V/R}(V/n - b). \tag{6.11}$$

【導出】

準静的な定積過程においてエントロピーの変化は Clausius 等式から

$$S(T, V) - S(T_0, V) = \int_{T_0}^{T} \frac{dU}{T} = nc_V \int_{T_0}^{T} \frac{dT}{T} = nR \log(T/T_0)^{c_V/R}. \tag{6.12}$$

である．また，準静的な等温過程においてのエントロピーの変化は

$$\begin{aligned} S(T, V) - S(T, V_0) &= \int_{V_0}^{V} \frac{dU + PdV}{T} = \int_{V_0}^{V} \frac{nRdV}{V - nb} \\ &= nR \log(V - nb)/(V_0 - nb). \end{aligned} \tag{6.13}$$

エントロピーは状態量なので，この2つの状態変化を合わせて

$$S(T, V) - S(T_0, V_0) = nR \log T^{c_V/R}(V/n - b) - nR \log T_0^{c_V/R}(V_0/n - b).$$

が得られるので，エントロピーの基準値を除いて式 (6.11) が得られる．

● Helmholtz 自由エネルギー

希薄極限で理想気体となる van der Waals 気体の Helmholtz 自由エネルギー $F(T,V)$ は先に求めた絶対温度と体積の関数としての内部エネルギー $U(T,V)$ とエントロピー $S(T,V)$ を用いて次のように求まる．

$$F(T,V) = U - TS = -\frac{an^2}{V} + nc_V T - nRT \log T^{c_V/R}(V/n - b). \quad (6.14)$$

6.4.2 Maxwell（マックスウェル）構築による気体液体相転移の現象論

たとえば，水は 1 気圧，100 ℃で沸騰し，その温度を少しでも越えると液体ではいられなくなり，水蒸気となる．物質量と気圧を一定としたときの水の密度やモル体積や圧縮率を温度の関数としてみるとき，100 ℃で不連続である．100 ℃を少しでも越えると水は水蒸気となり，お湯であったときの密度よりずっと小さい密度をもつ．統計力学において，相転移現象を扱うときは密度などの示強変数を有限に保って示量変数を発散させる熱力学的極限（無限体積極限）をとり，示強変数の間の関係を調べる．このような極限において，示強変数の間の関数関係に特異性が現れるとき，その特異点で相転移が起るとする．流体のモル体積を $v = \frac{V}{n}$ とおいて，ある絶対温度 $T = T_c$ において，van der Waals 状態方程式が次の形

$$P - P_c = \frac{RT_c}{v-b} - \frac{a}{v^2} - P_c = \frac{P_c(v_c - v)^3}{(v-b)v^2}$$

をもったとする．このとき，右辺を展開することにより，それらの値は次のように定まる．

$$v_c = 3b, \quad P_c = \frac{a}{27b^2}, \quad T_c = \frac{8a}{27Rb}.$$

関数 $P(T_c, V)$ は変曲点 $V = V_c$ をもち，

$$\left(\frac{\partial P}{\partial v}\right)_T = 0, \quad \left(\frac{\partial^2 P}{\partial v^2}\right)_T = 0,$$

であるから，そこでは等温圧縮率が発散することがわかる．このように熱力学関数が特異性をもつ特別な点 (P_c, T_c, v_c) は臨界点とよばれる．

表 6.3　気体の臨界点の実測値．Pa は atm からの換算．Engineering Tool Box からの転載 [6]．

物質	P_c [Pa] ([atm])	T_c [K]	v_c [m^3/mol]
He	2.29×10^5 (2.26)	5.19	5.8×10^{-5}
H_2	1.30×10^6(12.797)	3.324×10	6.5×10^{-5}
N_2	3.40×10^6 (33.54)	1.262×10^2	9.0×10^{-5}
O_2	5.08×10^6 (50.14)	1.5478×10^2	7.4×10^{-5}
CO_2	7.39×10^6 (72.90)	3.0420×10^2	9.4×10^{-5}
H_2O	2.21×10^7 (218.167)	6.4727×10^2	5.6×10^{-6}

前章で導出した van der Waals 気体の内部エネルギー，エントロピー，Helmholtz 自由エネルギーの表式は，$T \geq T_c$ に対してのみ成り立つ．このままの表式では $T < T_c$ になると単位物質量あたりの Helmholtz 自由エネルギーは v についての 2 階導関数が定符号とはならず，圧縮率が負になるという実際には起らない領域が現れる．そこで，モル Helmholtz 自由エネルギーを凸関数に修正する Maxwell 構築という方法がある．

● Maxwell 構築

1 mol あたりの Helmholtz 自由エネルギーを $f(T,v)$ とおく．低温領域 $T < T_c$ においては，前に求めた $f(T,v)$ の v についての凸性が失われるため，T を一定にして縦軸を $f(T,v)$，横軸を v にとったグラフにおいて凹んだ領域が現れる．この領域は次の方程式

$$f_v(T,v_1) = f_v(T,v_2) = \frac{f(T,v_2) - f(T,v_1)}{v_2 - v_1}, \tag{6.15}$$

の解 v_1，v_2 で定まる領域 $v_1 < v < v_2$ である．ただし，偏導関数を

$$f_v = \frac{\partial f}{\partial v},$$

と表している．この領域における Helmholtz 自由エネルギーを 1 次関数で修正し，それ以外の領域では元の 1 mol あたりの Helmholtz 自由エネルギーを用いる．

$$f^M(T,v) = \begin{cases} f_v(T,v_1)(v - v_1) + f(T,v_1), & (v_1 < v < v_2) \\ f(T,v), & (v \leq v_1 \text{ or } v_2 \leq v). \end{cases} \tag{6.16}$$

この 1 mol あたりの Helmholtz 自由エネルギーの修正

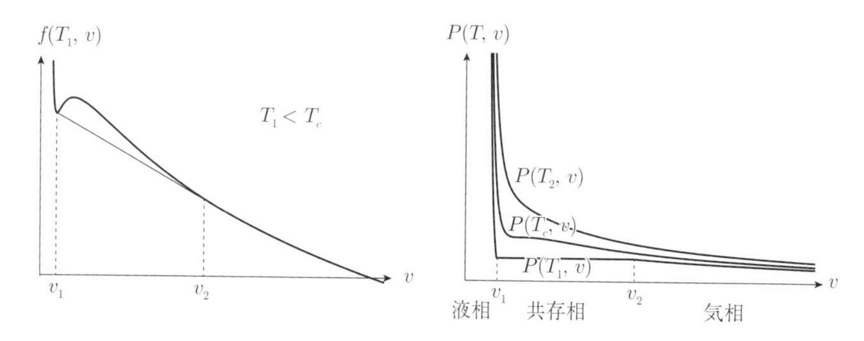

図 6.4 Maxwell 構築された Helmholtz 自由エネルギーと圧力の体積依存性

$$f(T,v) \to f^M(T,v) \tag{6.17}$$

を Maxwell 構築という．

図 6.4 の左図には低温側で Maxwell 構築した Helmholtz 自由エネルギーと元の関数が図示されている．関数の凹みが 1 次関数で埋められているのがわかる．右図の曲線は上から $T > T_c$，$T = T_c$，$T < T_c$ における $P(T,v)$ を図示している．$T < T_c$ では Maxwell 構築したことにより $v_1 < v < v_2$ の領域では完全に平坦になっている．この平坦な領域で気体と液体の相転移が起る．この領域の右側 $v > v_2$ のように 1 つの解析的な熱力学関数で表される領域を相という．$v > v_2$ は気相，左側 $v < v_1$ が液相，$v_1 < v < v_2$ は気体と液体が共存している相である．液相において，圧力に対して体積変化は小さく，密度は大きい．共存相から液相に相転移を起すと圧縮率は急激に変化することがわかる．

このように低温領域 $T < T_c$ で van der Waals 気体の Helmholtz 自由エネルギーの Maxwell 構築から得られた状態方程式は近似的な状態方程式ではあるが，実際の気体・液体の相転移現象においても $v_1 < v < v_2$ の領域のように圧力 $P(T,v)$ が v の変化に対して一定になるという現象が観測される．このように v が P の関数として不連続になる現象，すなわち 1 mol あたりの Helmholtz 自由エネルギーの 1 階微分 $f_v(v)$ に特異性が現れる相転移は 1 次転移とよばれる．

上の例において，共存相 ($T < T_c$, $v_1 < v < v_2$) において圧力と絶対温度 P, T では異なる熱力学的状態を区別することができない．そのような場合でも，1 mol あたりの内部エネルギー，エントロピーや体積 u，s，v は異なる状態

を区別して記述することが可能である．

Clapeyron-Clausius（クラペイロン-クラウジウス）の関係

Maxwell 構築は一見すると人工的な関係のように見えるが，このような関係 (6.15) は，1 次転移で成り立つ一般的な関係式である．この関係 (6.15) を

$$P(T,v) = -\frac{\partial f}{\partial v}(T,v),$$

に注意して，気体のモル体積 v_2 を用いて次のように書き換える．

$$f(T,v_2) - f(T,v_1) = -(v_2 - v_1)P(T,v_2).$$

この両辺を絶対温度 T で微分して得られる関係は Clapeyron-Clausius の関係とよばれている．実際に v_1，v_2 が関係 (6.15) から定まる T の関数であるとして，上式の両辺を T で微分すると

$$\begin{aligned} &f_T(T,v_2) + \frac{\partial v_2}{\partial T} f_v(T,v_2) - f_T(T,v_1) - \frac{\partial v_1}{\partial T} f_v(T,v_1) \\ &= -\frac{\partial v_2}{\partial T} P(T,v_2) + \frac{\partial v_1}{\partial T} P(T,v_1) - (v_2 - v_1)\frac{dP}{dT}. \end{aligned}$$

ただし $f_T(T,v)$，$f_v(T,v)$ はそれぞれ $f(T,v)$ の T と v による偏導関数を表す．以下の 1mol あたりのエントロピーと圧力とこれらの偏導関数の関係

$$s(T,v) = -\frac{\partial f}{\partial T} = -f_T(T,v), \quad P(T,v) = -\frac{\partial f}{\partial v} = -f_v(T,v),$$

を用いると

$$\begin{aligned} &-s(T,v_2) - \frac{\partial v_2}{\partial T} P(T,v_2) + s(T,v_1) + \frac{\partial v_1}{\partial T} P(T,v_1) \\ &= -\frac{\partial v_2}{\partial T} P(T,v_2) + \frac{\partial v_1}{\partial T} P(T,v_1) - (v_2 - v_1)\frac{d}{dT} P(T,v_2). \end{aligned}$$

両辺を整理することによって次の関係が得られる．

$$T\frac{d}{dT}P(T,v_2) = \frac{T[s(T,v_2) - s(T,v_1)]}{v_2 - v_1} = \frac{q}{v_2 - v_1}. \tag{6.18}$$

この系が一定温度 T，一定圧力 $P(T,v_2)$ で液体から気体に転移するとき，系 1mol が吸収する熱は $q = T[s(T,v_2) - s(T,v_1)]$ である．液体が気体になるために必要な熱を気化熱という．この気体 n [mol] の気化熱は nq である．

例題 低温領域のある温度 T $(< T_c)$ において，物質量 n [mol] の van der Waals 流体の液体気体の共存領域を $v_1 < v < v_2$ とする．(T, v_1) に対応する圧力一定のもとでの気化熱を求めよ．

解答 温度 T において Maxwell 構築を行うと，共存領域で温度と圧力は一定である．この間のエントロピーの増加は van der Waals 流体のエントロピーの表式 (6.13) を用いて

$$S(T, nv_2) - S(T, nv_1) = nR \log \frac{v_2 - b}{v_1 - b}. \tag{6.19}$$

である．系の吸収する熱は $T[S(T, nv_2) - S(T, nv_1)]$ であるから，気化熱は

$$nRT \log \frac{v_2 - b}{v_1 - b}$$

と求まる．

例題 低温領域のある温度 T $(< T_c)$ における van der Waals 流体の液体気体の共存領域 $v_1 < v < v_2$ を含む全域において，式 (6.16) で定義される Maxwell 構築した 1 mol の Helmholtz 自由エネルギー $f^M(T, v)$ に対する 2 階偏導関数は

$$\frac{\partial^2 f^M}{\partial T^2} \leq 0, \quad \frac{\partial^2 f^M}{\partial v^2} \geq 0,$$

を満たすことを示せ．

解答 液体気体の共存領域以外では 1 mol あたりの Helmholtz 自由エネルギーの 2 階偏導関数は上の不等式を満たすことは明らかなので，Maxwell 構築した $f^M(T, v)$ について調べる．Maxwell 構築した $f^M(T, v)$ は v について 1 次関数なので

$$\frac{\partial^2 f^M}{\partial v^2} = 0,$$

となる．よって液体気体の共存領域においても 1 mol あたりの Helmholtz

自由エネルギーの v についての 2 階偏導関数は第 2 不等式を満たすことは簡単にわかる．このことは，f を v について凸関数になるように Maxwell 構築を行ったので当然であるが一方，T について凹関数であることは自明ではない．以下では T についての偏導関数について調べる．式 (6.16) で，Maxwell 構築した 1 mol の Helmholtz 自由エネルギーは次の 2 通り

$$f^M(T,v) = f_v(T,v_1)(v-v_1) + f(T,v_1) = f_v(T,v_2)(v-v_2) + f(T,v_2),$$

に表すことができる．$v_1(T)$，$v_2(T)$ は T の関数であることに注意して T で微分すると，

$$\frac{\partial f^M}{\partial T} = \Big[f_{v,T}(T,v_1) + f_{v,v}(T,v_1)v_1'(T)\Big](v-v_1) + f_T(T,v_1) \tag{6.20}$$

$$= \Big[f_{v,T}(T,v_2) + f_{v,v}(T,v_2)v_2'(T)\Big](v-v_2) + f_T(T,v_2), \tag{6.21}$$

が得られる．この両辺をもう一度 T で微分すると

$$\frac{\partial^2 f^M}{\partial T^2}(T,v)$$

$$= \frac{d}{dT}\Big[f_{v,T}(T,v_1) - f_{v,v}(T,v_1)v_1'(T)\Big](v-v_1)$$

$$- f_{v,v}(T,v_1)v_1'(T)^2 + f_{T,T}(T,v_1) \tag{6.22}$$

$$= \frac{d}{dT}\Big[f_{v,T}(T,v_2) - f_{v,v}(T,v_2)v_2'(T)\Big](v-v_2)$$

$$- f_{v,v}(T,v_2)v_2'(T)^2 + f_{T,T}(T,v_2), \tag{6.23}$$

$v = v_1$ において $f_{v,v}(T,v_1) \geq 0$ であり，$f_{T,T}(T,v_1) \leq 0$ であるから，

$$\frac{\partial^2 f^M}{\partial T^2}(T,v_1) = -f_{v,v}(T,v_1)v_1'(T)^2 + f_{T,T}(T,v_1) \leq 0. \tag{6.24}$$

同様に，$v = v_2$ において $f_{v,v}(T,v_2) \geq 0$ であり，$f_{T,T}(T,v_2) \leq 0$ であるから，

$$\frac{\partial^2 f^M}{\partial T^2}(T,v_2) = -f_{v,v}(T,v_2)v_2'(T)^2 + f_{T,T}(T,v_2) \leq 0. \tag{6.25}$$

f^M の T に関する 2 階偏導関数は v について 1 次関数なので，領域 $v_1 < v < v_2$ でも

$$\frac{\partial^2 f^M}{\partial T^2}(T,v) \le 0,$$

であることがわかる.

例題 ある絶対温度 $T(< T_c)$ における van der Waals 流体の定圧モル比熱 $c_P(T,v)$ は v について連続関数であることを示せ.

解答 一般に，$P(T,v) =$ 一定という条件ではモル体積 v が T の関数となるので $v(T)$ と書く．この両辺を T で微分すると次の関係が成り立つ.

$$0 = \frac{dP}{dT} = -\frac{d}{dT}\Big(\frac{\partial f}{\partial v}\Big)_T = -f_{v,T}(T,v) - f_{v,v}(T,v)v'(T). \tag{6.26}$$

定圧モル比熱 c_P は 1 mol あたりのエントロピー s を圧力一定として T で偏微分した次の関数

$$c_P(T,v) = T\Big(\frac{\partial s}{\partial T}\Big)_P = -T\Big(\frac{\partial}{\partial T}\Big(\frac{\partial f}{\partial T}\Big)_v\Big)_P$$

で与えられる．始めに与えた関係を使って右辺を計算すると

$$c_P(T) = -Tf_{T,T}(T,v) - Tf_{T,v}(T,v)v'(T) = \frac{T(f_{T,v}f_{v,T} - f_{T,T}f_{v,v})}{f_{v,v}}. \tag{6.27}$$

一方，絶対温度 $T(< T_c)$，領域 (v_1, v_2) 内に対する公式 (6.22)，(6.23) は $v =$ 一定の条件で $f^M(T,v)$ を T で偏微分して得られるが，圧力一定の条件下での T による偏微分でもあることに注意すると

$$c_P(T,v) = -T\frac{\partial^2 f^M}{\partial T^2},$$

である．これより Maxwell 構築した領域の境界 $v = v_1$，v_2 において関係 (6.24)，(6.25) から

$$c_P(T,v_1) = Tf_{v,v}(T,v_1)v_1'(T)^2 - Tf_{T,T}(T,v_1), \tag{6.28}$$

$$c_P(T,v_2) = Tf_{v,v}(T,v_2)v_2'(T)^2 - Tf_{T,T}(T,v_2), \tag{6.29}$$

が得られる．絶対温度 T，領域 $v_1 < v < v_2$ では，任意の v に対して Maxwell

構築 (6.16) は一定の圧力

$$P(T,v) = -f_v^M(T,v) = -f_v(T,v_1) = -f_v(T,v_2),$$

を与える．式 (6.26) と同様にして $P=$ 一定の条件で上式を T で微分すると

$$0 = f_{v,T}(T,v_1) + f_{v,v}(T,v_1)v_1'(T) = f_{v,T}(T,v_2) + f_{v,v}(T,v_2)v_2'(T). \tag{6.30}$$

これらを用いると定圧モル比熱 (6.28)，(6.29) から $v_1'(T)$，$v_2'(T)$ を消去でき，

$$c_P(T,v_1) = \frac{T[f_{T,v}(T,v_1)f_{v,T}(T,v_1) - f_{T,T}(T,v_1)f_{v,v}(T,v_1)]}{f_{v,v}(T,v_1)}, \tag{6.31}$$

$$c_P(T,v_2) = \frac{T[f_{T,v}(T,v_2)f_{v,T}(T,v_2) - f_{T,T}(T,v_2)f_{v,v}(T,v_2)]}{f_{v,v}(T,v_2)}, \tag{6.32}$$

となる．液体気体の共存領域 (v_1,v_2) の外で成り立つ公式 (6.27) と比較すると，その境界 $v=v_1$，v_2 においても連続となることがわかる．f^M の T に関する 2 階偏導関数は v について 1 次関数なので，したがって $c_P(T,v)$ は v について連続である．

6.5 臨界現象に対する Landau（ランダウ）の現象論

流体の臨界点付近の性質を調べる現象論として Landau（ランダウ）展開が知られている．ある気体の物質量を n，圧力を P，絶対温度を T，体積を V，モル体積を $v=V/n$ とし，臨界点を (P_c,T_c,v_c) とする．臨界温度において状態方程式から定まる $P(T_c,v)$ は $v=v_c$ において極値であり変曲点であるとする．このとき，単位物質量あたりの Helmholtz 自由エネルギーを $f(T,v)$ とし，臨界点の周りで $v-v_c$ の 4 次まで Taylor 展開し，そこで打ち切る．

$$\begin{aligned} f(T,v) \simeq{}& f(T,v_c) + f_v(T,v_c)(v-v_c) + f_{v,v}(T,v_c)\frac{(v-v_c)^2}{2} \\ &+ f_{v,v,v}(T,v_c)\frac{(v-v_c)^3}{3!} + f_{v,v,v,v}(T,v_c)\frac{(v-v_c)^4}{4!}. \end{aligned} \tag{6.33}$$

ここでは，この式が臨界点の高温側 $T \geq T_c$ における Helmholtz 自由エネルギーの定義であると考える．圧力は f の v による偏導関数

$$P = -f_v(T, v)$$

である．$T = T_c$ に対し，P は $v = v_c$ で極値であり変曲点であることから，

$$f_{v,v}(T_c, v_c) = 0 = f_{v,v,v}(T_c, v_c)$$

に注意して，$v - v_c$ による展開の各係数をさらに $T - T_c$ で展開すると

$$\begin{aligned} f(T, v) \simeq f(T, v_c) - (P_c + P_T(T - T_c))(v - v_c) + \frac{a}{2}(T - T_c)(v - v_c)^2 \\ + \frac{b}{3!}(T - T_c)(v - v_c)^3 + \frac{c}{4!}(v - v_c)^4, \end{aligned} \tag{6.34}$$

と表すことができる．ただし，各偏微分係数

$$\begin{aligned} &P_c = -f_v(T_c, v_c), \quad P_T = -f_{v,T}(T_c, v_c), \\ &a = f_{v,v,T}(T_c, v_c), \quad b = f_{v,v,v,T}(T_c, v_c), \quad c = f_{v,v,v,v}(T_c, v_c), \end{aligned}$$

は，a，b，$c > 0$ であると仮定する．このような近似のもとで，圧力や 1 mol あたりのエントロピー，内部エネルギーを計算すると圧力は

$$\begin{aligned} P = -f_v(T, v) = P_c + P_T(T - T_c) - a(T - T_c)(v - v_c) \\ - \frac{b}{2}(T - T_c)(v - v_c)^2 - \frac{c}{3!}(v - v_c)^3. \end{aligned} \tag{6.35}$$

これは負にならないので，この展開が成り立つ範囲では P_c が残りの項より大きくなければならない．1mol あたりのエントロピーを求めると

$$s(T, v) = -f_T(T, v) = -f_T(T, v_c) + P_T(v - v_c) - \frac{a}{2}(v - v_c)^2 - \frac{b}{3!}(v - v_c)^3, \tag{6.36}$$

である．これより 1mol あたりの内部エネルギーは

$$\begin{aligned} u(T, v) &= f(T, v) + Ts(T, v) \\ &= f(T, v_c) - Tf_T(T, v_c) - (P_c - P_T T_c)(v - v_c) - \frac{a}{2}T_c(v - v_c)^2 \\ &\quad - \frac{b}{3!}T_c(v - v_c)^3 + \frac{c}{4!}(v - v_c)^4, \end{aligned} \tag{6.37}$$

と得られる．圧縮率が臨界点付近でどのように振る舞うか調べよう．圧力の表式 (6.35) によって等温圧縮率は

$$\kappa_T(T,v) = -\frac{1}{v}\left(\frac{\partial P}{\partial v}\right)_T^{-1} = \frac{1}{v}[a(T-T_c)+b(T-T_c)(v-v_c)+c(v-v_c)^2/2]^{-1}. \tag{6.38}$$

仮定 a, b, $c > 0$ により，$T > T_c$ ではこれも負にならない．等温圧縮率の特異性を調べてみよう．$v = v_c$ に固定して絶対温度を $T = T_c$ に近づけると

$$\kappa_T(T) \simeq \frac{1}{v_c a(T-T_c)}$$

のように発散することがわかり，この発散に対応する臨界指数は $\gamma = 1$ と求まる．低温側 $T < T_c$ では $v = v_c$ の周りで式 (6.38) で与えられる等温圧縮率が負になってしまう．このため，低温側 $T < T_c$ を調べるには，等温圧縮率が負にならないように Maxwell 構築が必要となる．これについては，6 章の問題 6.7 を参考にせよ．

6 章の問題

問 6.1　物質量を n，圧力を P，絶対温度を T，体積を V とし，次のようなビリアル展開で与えられた状態方程式に従う気体を考える．

$$P = \frac{nRT}{V}\left(1 + b_2(T)\frac{n}{V} + b_3(T)\frac{n^2}{V^2}\right)$$

ただし，$b_2(T)$，$b_3(T)$ は絶対温度のある関数であり，理想気体の定積モル比熱を c_V として，この気体の内部エネルギーの希薄極限は

$$\lim_{n/V \to 0} U(n, T, V) = nc_V T$$

であるとする．次の問いに答えよ．

(1) エネルギー方程式を用いて内部エネルギーを $b_2'(T)$，$b_3'(T)$ で表せ．
(2) エントロピーを体積と絶対温度の関数として求めよ．
(3) Helmholtz 自由エネルギーを求めよ．

問 6.2　以下の表には，いろいろな絶対温度と圧力に対して，水素，窒素，酸素の気体の物質量密度の数値それぞれが示されている（NIST より転載 [5]）．

希薄な水素気体の物質量密度の絶対温度と圧力依存性

H_2	1.0000×10^4 Pa	5.0000×10^4 Pa	1.0000×10^5 Pa
100 K	12.027 mol/m^3	60.143 mol/m^3	120.30 mol/m^3
200 K	6.0132 mol/m^3	30.058 mol/m^3	60.096 mol/m^3
300 K	4.0088 mol/m^3	20.040 mol/m^3	40.067 mol/m^3

希薄な窒素気体の物質量密度の絶対温度と圧力依存性

N_2	1.0000×10^4 Pa	5.0000×10^4 Pa	1.0000×10^5 Pa
100 K	12.050 mol/m^3	60.726 mol/m^3	122.68 mol/m^3
200 K	6.0149 mol/m^3	30.100 mol/m^3	60.265 mol/m^3
300 K	4.0091 mol/m^3	20.047 mol/m^3	40.098 mol/m^3

希薄な酸素気体の物質量密度の絶対温度と圧力依存性

O_2	1.0000×10^4 Pa	5.0000×10^4 Pa	1.0000×10^5 Pa
100 K	12.055 mol/m^3	60.842 mol/m^3	123.16 mol/m^3
200 K	6.0155 mol/m^3	30.113 mol/m^3	60.317 mol/m^3
300 K	4.0094 mol/m^3	20.052 mol/m^3	40.116 mol/m^3

ビリアル展開の最低次で,

$$\frac{PV}{nT} \simeq R + Rb_2(T)\frac{n}{V}$$

と振る舞うので，実在気体は低密度の極限で理想気体に近づいていく．この性質から，気体定数 R を3種類の気体の上の表の値によって3桁の精度で定めよ．（**ヒント**：低密度のときの PV/nT の値を縦軸，n/V の値を横軸にとってグラフに図示し，低密度極限をこの直線と縦軸の切片として求めよ．）

問 6.3　液体酸素と液体窒素の混合液体の質量を計量し気化させ，容積，圧力，温度を制御および計測できる容器の中に閉じ込めた．この液体の酸素と窒素，それぞれの物質量の値を求めるためには，どのような測定をすればよいか説明せよ．ただし，気体定数は R =8.31 J/(K mol)，酸素気体の分子量は 32.0 g/mol，窒素気体の分子量は 28.0 g/mol であるとしてよい．

問 6.4　以下の表には，水素気体，窒素気体，酸素気体の臨界温度より少し高い温度における物質量密度 $\rho = n/V$ と圧力が示されている．以下では，これらの数値をもとに van der Waals 状態方程式を用いて調べる．次の問いに答えよ．

気体の臨界温度付近での物質量密度の圧力依存性．NIST より転載 [5]．

気体	絶対温度	1.0000×10^6 Pa	1.0000×10^7 Pa
H_2	40 K	3.6092×10^3 mol/m^3	3.1431×10^4 mol/m^3
N_2	130 K	1.0228×10^3 mol/m^3	2.0408×10^4 mol/m^3
O_2	160 K	8.0153×10^2 mol/m^3	2.2376×10^4 mol/m^3

van der Waals の状態方程式は臨界点でも気体の状態を近似的に表すことができるとして，以下の問いに答えよ．

(1) この表の値から，van der Waals の状態方程式のパラメーター a，b を定めよ．

(2) 系のモル体積を $v = 1/\rho$ とする．前問で求めたパラメーター a，b から，各気体の臨界点 (P_c, T_c, v_c) を推定せよ．ただし，$v_c = 1/\rho_c$ は臨界点におけるモル体積である．

(3) 臨界温度以下の流体は圧力によって気体と液体の状態をとる．前問で求めた臨界温度 T_c での酸素の等温圧縮率を液体に対応するモル体積 $v_1 = 2b$ と気体に対応するモル体積 $v_2 = 4b$ ($v_1 = 2b < v_c = 3b < v_2 = 4b$) において，van der Waals 状態方程式を用いて計算し，大きく異なっていることを確認せよ．

問 6.5　van der Waals 気体の Mayer の関係式に対する補正 $c_P - c_V - R$ をビリアル展開の最低次で求め，前問で定めたパラメーターにより表 6.2 の数値と比較せよ．

問 6.6　6.5 節で解説された 1 mol あたりの Helmholtz 自由エネルギーの Landau 展開 (6.34) の与える臨界温度 T_c において，圧力とモル体積の臨界点における特異性を

$$P - P_c \simeq -(v - v_c)^{\delta}$$

と表すとき，臨界指数 δ を求めよ．

問 6.7　6.5 節で解説された Helmholtz 自由エネルギーの Landau 展開 (6.34) の低温側 $T < T_c$ において臨界温度 T_c 付近の Maxwell 構築を実行する．$T < T_c$ を一定にしたとき，モル体積 $v < v_1$ は液相であり，$v > v_2$ は気相に対応する．前問の結果と合わせて，次の問いに答えよ．

(1) 液体の最大モル体積 v_1 と気体の最小モル体積 v_2 を $T_c - T$ と Landau 展開の係数を用いて表せ．また，この結果を用いて $v_2 - v_1$ の特異性を

$$v_2 - v_1 \simeq (T_c - T)^{\beta}$$

と表すとき，臨界指数 β を求めよ．

(2) モル体積を $v = v_c$ に固定したとき，定積モル比熱は絶対温度の関数である．この関数の臨界点での特異性を調べよ．

(3) 気相と液相の間の 1mol あたりのエントロピーの変化 $s(T, v_2) - s(T, v_1)$ を求めよ．これにより，一定の圧力のもとで系が液体から気体になるときに吸収する熱，系の行う仕事，内部エネルギーの変化を $T_c - T$ の最低次で求めよ．以上のことから，Clapeyron-Clausius の法則と熱力学第 1 法則を確認せよ．

第7章

各章の問題の解答

7.1 1章の問題の解答

問 1.1 1 気圧は SI 単位で 1.01325×10^5Pa であり，CGS 単位系では 1.01325×10^6 dyn/cm^2.

問 1.2 水銀の密度を 13.6 g/cm^3，重力加速度を 9.8×10^2 cm/s^2 とし，高さ x cm 断面積 1 cm^2 あたりの水銀の重力と，大気圧 1.01325×10^6 dyn/cm^2 が釣り合うので

$$13.6x \times 9.8 \times 10^2 = 1.0 \times 10^6$$

より，x =76 cm である．

問 1.3 熱 1 cal は SI 単位で 4.2 J であり，CGS 単位系で 4.2×10^7 erg である．また，重力加速度が 9.8 m/s^2 であるとして，体重 50 kg の人の位置エネルギーが 1 kcal のとき，その人のいる地上からの高さ h [m] は

$$50 \times 9.8h = 4.2 \times 10^3,$$

より，$h \simeq 8.6$ m である．

問 1.4 水素原子の原子量を 1 で酸素の原子量を 16 とすると水 H_2O の分子量は 18，水 1 mol の質量は約 18 g である．

問 1.5 摂氏温度の 0 ℃は絶対温度で 273.15 K であり，絶対零度を摂氏温度で表すと −273.15 K である．

問 1.6 ある物質 n [mol] からなる系の体積を V とする．この系とまったく同じ状態にある同じ物質を用意して合体させてできる系の状態は $2n$

[mol] で体積は $2V$ となるので，その系の物質量密度 n/V は変わらず，示強変数であることがわかる．

問 1.7

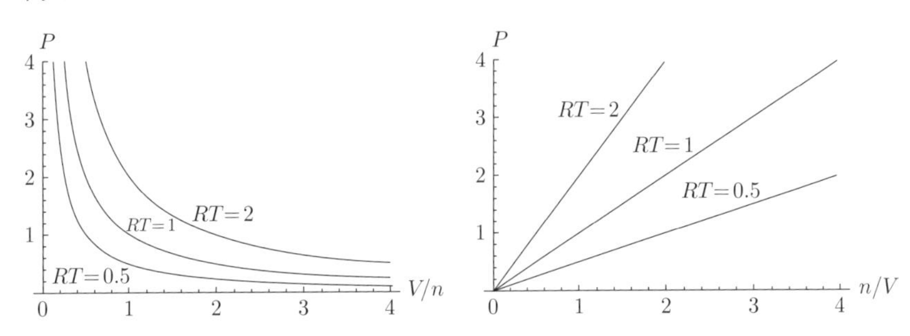

問 1.8　絶対温度 273.15 K（0 ℃），圧力 1.00×10^5 Pa の条件で，平衡状態にある理想気体 1 mol の体積を V [m^3] とすると理想気体の状態方程式により，

$$1.00 \times 10^5 V = 8.31 \times 273$$

より，$V = 0.0227$ m^3 となり，体積は 22.7 L である．この条件の物質は標準状態にあるといわれる．

問 1.9　理想気体 1 mol が $(T_0, V_0) \to (2T_0, 2V_0)$ に準静的に膨張する．

(1) この気体の絶対温度 T_0 を一定に保って V_0 から $2V_0$ に膨張したときに気体がピストンにした力学的仕事は

$$\int_{V_0}^{2V_0} P(T_0, V)dV = \int_{V_0}^{2V_0} \frac{RT_0}{V} dV = RT_0 \log 2.$$

である．体積を一定に保つ場合，気体は力学的仕事をしない．

(2) この気体の絶対温度を $2T_0$ で一定に保って膨張させ，体積が $V_0 \to 2V_0$ になった場合，気体がピストンにした力学的仕事は

$$\int_{V_0}^{2V_0} P(2T_0, V)dV = \int_{V_0}^{2V_0} \frac{2RT_0}{V} dV = 2RT_0 \log 2.$$

である．

(3) 気体の絶対温度が体積の 1 次関数であるとして膨張した場合，T/V は一定となる．気体がピストンにした力学的仕事は

$$\int_{V_0}^{2V_0} P(T,V)dV = \int_{V_0}^{2V_0} \frac{RT_0}{V_0}dV = RT_0.$$

問 1.10　水の比熱を 4.20 J/(K·g)，アルミニウムの比熱を 8.80×10^{-1} J/(K·g) とする．質量 200 g，温度 353 K の水に質量 100 g，温度 293 K のアルミニウムを入れ平衡状態になったとき，両者の絶対温度を T [K] とすると

$$4.20 \times 200(353 - T) = 0.88 \times 100(T - 293),$$

より，$T = 347$ K と求まる．

7.2　2 章の問題の解答

問 2.1　理想気体の状態方程式から

$$V = \frac{nRT}{P}.$$

これより，定圧熱容量は

$$C_P = \left(\frac{\partial U}{\partial T}\right)_V + P\left(\frac{\partial V}{\partial T}\right)_P = C_V + nR,$$

である．2 原子分子理想気体 n [mol] の定積熱容量は $C_V = \frac{5}{2}nR$ であるから，その定圧熱容量は $C_P = \frac{7}{2}nR$ であり，多原子分子理想気体 n [mol] の定積熱容量は $C_V = 3nR$ であるから，その定圧熱容量は $C_P = 4nR$ である．

問 2.2　物質量 n [mol] の理想気体の状態方程式 $PV = nRT$ より，定積熱容量 C_V と定圧熱容量 C_P の関係は

$$\begin{aligned}C_P &= \left(\frac{\partial U}{\partial T}\right)_V + \left(\frac{\partial U}{\partial V}\right)_T \left(\frac{\partial V}{\partial T}\right)_P + P\left(\frac{\partial V}{\partial T}\right)_P \\ &= C_V + \left[\left(\frac{\partial U}{\partial V}\right)_T + P\right]\left(\frac{\partial V}{\partial T}\right)_P = C_V + \left[\left(\frac{\partial U}{\partial V}\right)_T + P\right]\frac{nR}{P}\end{aligned}$$

物質量 n [mol] の単原子分子理想気体はあらゆる温度と体積において，定積熱容量が $C_V = \frac{3}{2}nR$，定圧熱容量が $C_P = \frac{5}{2}nR$ であるから，

$$\left(\frac{\partial U}{\partial V}\right)_T = 0,$$

である．これより，$U(n,T,V)$ は体積に依存せず，$U(n,T,V) = \frac{3}{2}nRT$ となる．

問 2.3　(1) 準静的等温膨張 $(T_1, V_1) \to (T_1, 2V_1)$ によって気体が吸収する熱は力学的仕事に等しく，次の積分で計算できる．

$$\int_{V_1}^{2V_1} PdV = RT_1 \int_{V_1}^{2V_1} \frac{dV}{V} = RT_1 \log 2.$$

(2) 準静的断熱膨張 $(T_1, V_1) \to (T_2, 2V_1)$ の前後で

$$T_1^{\frac{3}{2}} V_1 = 2T_2^{\frac{3}{2}} V_1$$

の関係があるので，

$$T_2 = 2^{-\frac{2}{3}} T_1.$$

体積をそのまま保って加熱し $(T_2, 2V_1) \to (T_1, 2V_1)$ とするとき内部エネルギーの変化は

$$\frac{3}{2} RT_1 (1 - 2^{-\frac{2}{3}}),$$

であり，これは気体が吸収した熱に等しい．

問 2.4　理想気体のモル比熱を c_V[J/(K mol)] とするとき，準静的断熱曲線は $T^{\frac{c_V}{R}} V =$ 一定となる．ただし，2 原子分子では $c_V = \frac{5}{2}R$，多原子分子では $c_V = 3R$ となる．

問 2.5

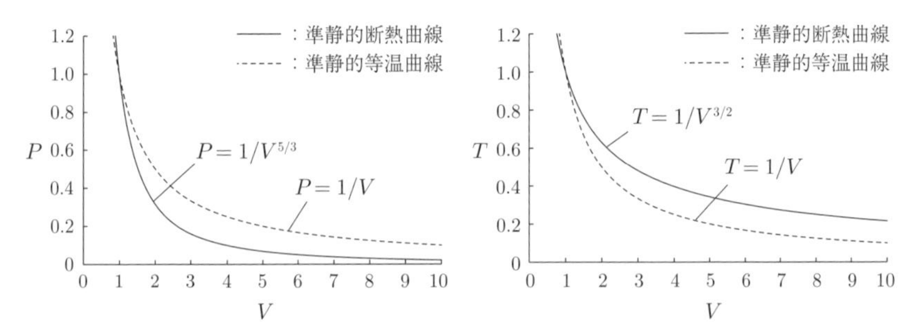

問 2.6　単原子分子理想気体 n [mol] の準静的断熱膨張 $(T_1, V_1) \to (T_2, V_2)$ で気体が外に行った力学的仕事は内部エネルギーの変化の逆符号に一致し，

$$\frac{3}{2}nR(T_1 - T_2) = \frac{3}{2}nRT_1(1 - 2^{-\frac{2}{3}}),$$

である．ただし，問 2.3(2) で求めた

$$T_2 = 2^{-\frac{2}{3}}T_1.$$

を用いた．

問 2.7　絶対温度 T での等温環境下における物質量 n [mol] の理想気体の準静的過程 $(n, T, V_1) \to (n, T, V_2)$ で気体の行った力学的仕事は

$$nRT \log \frac{V_2}{V_1}$$

であり，内部エネルギーは変化せず，気体の吸収した熱は気体の行った仕事に等しい．

問 2.8　熱を通す仕切りで隔てられた 2 つの断熱容器に，単原子分子理想気体 n [mol] ずつを閉じ込めた複合系において，一方を準静的に膨張させる過程 $(n, U, V; n, U, V) \to (n, U', V; n, U', V')$ において，熱力学第 1 法則と状態方程式 $P'V' = nRT'$，内部エネルギー $U' = \frac{3}{2}nRT'$ により，変化の途中では次が成り立つ．

$$0 = d'Q = \underset{\text{(左の部屋)}}{dU'} + \underset{\text{(右の部屋)}}{dU'} + \underset{\text{(右の部屋の気体がした仕事)}}{P'dV'} = 2dU' + \frac{2}{3}\frac{U'}{V'}dV'$$

これを積分すると $U'^3V' = U^3V$ が得られる．

問 2.9　(1) 複合系としての内部エネルギーは保存するので

$$\frac{3}{2}n_1RT_1 + \frac{3}{2}n_2RT_2 = \frac{3}{2}n_1RT + \frac{3}{2}n_2RT.$$

これにより，終状態の絶対温度は

$$T = \frac{n_1T_1 + n_2T_2}{n_1 + n_2}$$

(2) 仕切りの壁が動く場合でも内部エネルギーに対する条件は変わらず終状態の絶対温度も変わらない．また終状態では2つの部屋の圧力が等しくなるため，それぞれの体積 V_1'，V_2' は

$$\frac{n_1RT}{V_1'}=\frac{n_2RT}{V_2'}$$

となる．終状態の体積を始状態の体積で表すと，

$$V_1'=\frac{n_1(V_1+V_2)}{n_1+n_2},\quad V_2'=\frac{n_2(V_1+V_2)}{n_1+n_2}.$$

問 2.10 過程1での気体のした力学的仕事と内部エネルギーの変化は

$$W_1=P_1(V_2-V_1)=(b-1)V_1P_1,$$
$$\Delta_1U=\frac{3}{2}P_1(V_2-V_1)=\frac{3}{2}(b-1)P_1V_1$$

であるから，過程1で気体が吸収した熱は

$$Q_1=\frac{5}{2}(b-1)P_1V_1$$

となり正である．過程2では体積変化がないので気体は力学的な仕事をせず，気体の吸収した熱は内部エネルギーの変化に等しく

$$Q_2=\Delta_2U=\frac{3}{2}(P_2-P_1)V_2=\frac{3}{2}(a-1)bP_1V_1$$

となって負となる．過程1，2で気体の吸収する熱は

$$Q_1+Q_2=\frac{5}{2}(b-1)P_1V_1+\frac{3}{2}(a-1)bP_1V_1.$$

これが消える条件は $2b+3ab-5=0$，である．

7.3　3章の問題の解答

問 3.1 単原子分子理想気体の準静的断熱過程 $(U_1,V_1)\to(U_2,V_2)$ において，$U_1^{\frac{3}{2}}V_1=U_2^{\frac{3}{2}}V_2$ であるから

$$U_2=\left(\frac{V_1}{V_2}\right)^{\frac{2}{3}}U_1.$$

問 3.2　定積モル比熱 c_V の理想気体に対するエントロピーの表式は

$$S(n,U,V) = nR\log n^{-\frac{c_V}{R}-1}U^{\frac{c_V}{R}}V.$$

このエントロピーが Clausius 等式を満たすことは 3.5.1 項の単原子分子理想気体のエントロピーに対する証明と同様にして証明することができる．

問 3.3　単原子分子理想気体の断熱変化 $(n,U,V)\to(n,U',V')$ が存在する必要十分条件は $U^{\frac{3}{2}}V \le U'^{\frac{3}{2}}V'$ である．

問 3.4　単原子分子理想気体 1mol の過程 $(T_1,V_1)\to(T_1,2V_1)$ に対して，

(1) 等温膨張によって体積を 2 倍にするとき，気体が吸収した熱は

$$\Delta Q = \int_{V_1}^{2V_1}\frac{RT_1}{V}dV = RT_1\log 2,$$

エントロピーの変化は

$$\Delta S = R\log 2.$$

(2) 断熱膨張によって体積を 2 倍にすると絶対温度は $T_2 = 2^{-\frac{2}{3}}T_1$ となる．体積をそのまま保って加熱し温度を T_1 に戻すとき，気体の吸収する熱は $\Delta Q = \frac{3}{2}R(T_1-T_2)$．エントロピーの変化は

$$\Delta S = \int_{T_2}^{T_1}\frac{3R}{2T}dT = \frac{3}{2}R\log\frac{T_1}{T_2} = R\log 2.$$

問 3.5　エントロピーは状態量なので，同じ始状態と終状態ならばどんな経路で計算してもよい．その変化を Clausius 等式によって計算するときは可逆過程で計算しなければならないので，たとえば前問の過程で計算すればよい．

問 3.6　単原子分子理想気体のエントロピー $S(n,U,V) = nR\log(n^{-\frac{5}{2}}U^{\frac{3}{2}}V)$ と Clausius 等式から

$$\frac{1}{T} = \left(\frac{\partial S}{\partial U}\right)_V = \frac{3}{2}\frac{nR}{U},\quad \frac{P}{T} = \left(\frac{\partial S}{\partial V}\right)_U = \frac{nR}{V}$$

これらより，

$$U = \frac{3}{2}nRT, \quad PV = nRT,$$

が得られる．定積熱容量は

$$C_V = \frac{\partial U}{\partial T} = \frac{3}{2}nR$$

と求まる．

問 3.7　完全な熱力学関数としての単原子分子理想気体の内部エネルギー $U(n,S,V)$ は

$$U(n,S,V) = n^{\frac{5}{3}}V^{-\frac{2}{3}}\exp\frac{2S}{3nR}.$$

Clausius 等式 $dU = TdS - PdV$ から

$$T = \left(\frac{\partial U}{\partial S}\right)_V = \frac{2}{3nR}U, \quad -P = \left(\frac{\partial U}{\partial V}\right)_S = -\frac{2}{3V}U$$

これらより，また

$$U = \frac{3}{2}nRT, \quad PV = nRT,$$

が得られる．これより定積熱容量は，$C_V = \left(\frac{\partial U}{\partial T}\right)_V = \frac{3}{2}nR$ と求まる．

問 3.8　3.4.2 の例題で，エネルギー $MgV_1/A + U_1 = E = MgV_0/A + U_0$ が一定であるという条件のもとでエントロピーを

$$S(U_1) = R\log U_1^{\frac{3}{2}}(E - U_1)\frac{A}{Mg}$$

と U_1 の 1 変数関数として書く．この極値は両辺を U_1 で微分し

$$0 = S'(U_1) = R\left(\frac{3}{2}\frac{1}{U_1} - \frac{1}{E - U_1}\right),$$

とおけば $U_1 = \frac{3}{5}E$ と求まる．$0 < U_1 < E$ で $S(U_1)$ の増減表を書くと，

U_1	$\cdots$	$\frac{3}{5}E$	$\cdots$
$S'(U_1)$	$+$	0	$-$
$S(U_1)$	$\nearrow$	最大	$\searrow$

$U_1 = \frac{3}{5}E$ における極値は $S(U_1)$ の最大値を与える．これが実際に起る終状態であることを確かめよう．理想気体の平衡状態においては $PV = \frac{2}{3}U$ であるから，始状態では

$$\frac{(M+m)g}{A}V_0 = \frac{2}{3}U_0,$$

終状態では

$$\frac{Mg}{A}V_1 = P_1V_1 = \frac{2}{3}U_1$$

が成り立つ．よって，

$$U_0 = \frac{3(M+m)}{5M+3m}E, \quad \frac{Mg}{A}V_0 = \frac{2M}{5M+3m}E,$$
$$U_1 = \frac{3}{5}E, \quad \frac{Mg}{A}V_1 = \frac{2}{5}E,$$

これより，

$$\frac{V_1}{V_0} = 1 + \frac{3}{5}\frac{m}{M}, \qquad \frac{U_1}{U_0} = \frac{5M+3m}{5(M+m)}$$

これらは例題の解答で求められた終状態に一致している．

問 3.9 (1) 全体としての断熱過程 $(n_1, T_1, V_1; n_2, T_2, V_2) \to (n_1, T, V_1; n_2, T, V_2)$ の前後で全体の内部エネルギーは変化しないので，

$$\frac{3}{2}n_1RT_1 + \frac{3}{2}n_2RT_2 = \frac{3}{2}n_1T + \frac{3}{2}n_2RT.$$

これにより終状態の絶対温度は

$$T = \frac{n_1T_1 + n_2T_2}{n_1+n_2}.$$

(2) この過程における，それぞれの容器の中の気体のエントロピーの変化は

$$\Delta S_1 = n_1R\log\left(\frac{3}{2}RT\right)^{\frac{3}{2}}\frac{V_1}{n_1} - n_1R\log\left(\frac{3}{2}RT_1\right)^{\frac{3}{2}}\frac{V_1}{n_1}$$
$$= n_1R\log\left(\frac{n_1T_1+n_2T_2}{n_1T_1+n_2T_1}\right)^{\frac{3}{2}},$$
$$\Delta S_2 = n_2R\log\left(\frac{3}{2}RT\right)^{\frac{3}{2}}\frac{V_2}{n_2} - n_2R\log\left(\frac{3}{2}RT_2\right)^{\frac{3}{2}}\frac{V_2}{n_2}$$

$$= n_2 R \log \left(\frac{n_1 T_1 + n_2 T_2}{n_1 T_2 + n_2 T_2} \right)^{\frac{3}{2}}.$$

(3) 1番目と2番目の容器の気体のモル体積をそれぞれ $v_1 = \frac{V_1}{n_1}$, $v_2 = \frac{V_2}{n_2}$ とし，これらを一定に保って無限体積極限 $n_2 \to \infty$, $V_2 \to \infty$ をとるとき，問 (1) で定義された過程は，1番目の容器の気体にとって絶対温度 T_2 の熱浴に接触させることに対応する．問 (1) の解答で $n_2 \to \infty$ の極限をとると $T = T_2$ を得る．それぞれの容器の気体のエントロピーの変化を求めると，

$$\Delta S_1 = n_1 R \log \left(\frac{n_1 T_1 + n_2 T_2}{n_1 T_1 + n_2 T_1} \right)^{\frac{3}{2}} \to n_1 R \log \left(\frac{T_2}{T_1} \right)^{\frac{3}{2}},$$

$$\begin{aligned} \Delta S_2 &= n_2 R \log \left(\frac{n_1 T_1 + n_2 T_2}{n_1 T_2 + n_2 T_2} \right)^{\frac{3}{2}} \\ &= \frac{3 T_1 n_1}{2 T_2} R \log \left(1 + \frac{T_1 n_1}{T_2 n_2} \right)^{\frac{T_2 n_2}{T_1 n_1}} - \frac{3}{2} n_1 R \log \left(1 + \frac{n_1}{n_2} \right)^{\frac{n_2}{n_1}} \\ &\to \frac{3}{2} n_1 R \Big(\frac{T_1}{T_2} - 1 \Big). \end{aligned}$$

上の極限の計算では，

$$\lim_{x \to \infty} \left(1 + \frac{1}{x} \right)^x = e$$

を用いた．全体のエントロピーの変化は

$$\Delta S_1 + \Delta S_2 = \frac{3}{2} n_1 R \left(\log \frac{T_2}{T_1} + \frac{T_1}{T_2} - 1 \right) \geq 0$$

(等号は $T_1 = T_2$ のときのみ)

問 3.10 (1) 終状態の絶対温度は前問と変わらず，

$$T = \frac{n_1 T_1 + n_2 T_2}{n_1 + n_2}.$$

一方，壁が動く場合は圧力も等しくなるので，終状態の物質量密度とモル体積が等しくなる．

$$\frac{n_1}{V_1'} = \frac{n_2}{V_2'}.$$

また，$V_1' + V_2' = V_1 + V_2$ なので，始状態で終状態を表すと，

$$V_1' = \frac{n_1(V_1+V_2)}{n_1+n_2}, \quad V_2' = \frac{n_2(V_1+V_2)}{n_1+n_2}.$$

(2) エントロピーの変化の温度変化による項は前問と同じで，さらに体積の変化による項が加わるので，

$$\Delta S_1 = n_1 R \log\left(\frac{n_1T_1+n_2T_2}{n_1T_1+n_2T_1}\right)^{\frac{3}{2}} + n_1 R \log \frac{(V_1+V_2)n_1}{(n_1+n_2)V_1},$$

$$\Delta S_2 = n_2 R \log\left(\frac{n_1T_1+n_2T_2}{n_1T_2+n_2T_2}\right)^{\frac{3}{2}} + n_2 R \log \frac{(V_1+V_2)n_2}{(n_1+n_2)V_2}.$$

(3) 問 3.9 と同様，問 (1) の解答で $n_2 \to \infty$ の極限をとると，$T = T_2$, $\dfrac{V_1'}{n_1} = \dfrac{V_2}{n_2} = \dfrac{V_2'}{n_2}$ が得られる．上で得られた式の無限体積極限は

$$\Delta S_1 = n_1 R \log\left(\frac{T_2}{T_1}\right)^{\frac{3}{2}} + n_1 R \log \frac{v_2}{v_1}$$

2 番目の容器の気体のエントロピーの変化の無限体積極限は

$$\begin{aligned} n_2 R \log \frac{(V_1+V_2)n_2}{(n_1+n_2)V_2} &= n_2 R \log \frac{1+V_1/V_2}{1+n_1/n_2} \\ &= \frac{v_1}{v_2} n_1 R \log(1+V_1/V_2)^{\frac{V_2}{V_1}} - n_1 R \log(1+n_1/n_2)^{\frac{n_2}{n_1}} \end{aligned}$$

より，次のように求まる．

$$\Delta S_2 = \frac{3}{2} n_1 R \Big(\frac{T_1}{T_2} - 1\Big) + n_1 R \Big(\frac{v_1}{v_2} - 1\Big).$$

よって，全体のエントロピーの変化は

$$\Delta S_1 + \Delta S_2 = \frac{3}{2} n_1 R \left(\log \frac{T_2}{T_1} + \frac{T_1}{T_2} - 1\right) + n_1 R \left(\log \frac{v_2}{v_1} + \frac{v_1}{v_2} - 1\right),$$

となる．

7.4　4 章の問題の解答

問 4.1　等温過程 $(T, V_1) \to (T, V_2)$ において流体の放出する熱 Q は流体の行った力学的仕事 W と内部エネルギーの変化で次のように表される．

$$-Q = W + U(T, V_2) - U(T, V_1).$$

内部エネルギーの変化は過程によらず始状態と終状態のみで定まるので，W を最大にする過程が Q を最小にする．したがって，最大仕事の原理により，これらの等温過程のうち準静的過程が最小の発熱を与える．この原理は最大吸熱の原理と等価である．

問 4.2 始状態 (U_1, V_1) と終状態の体積 V_2 を定めた任意の断熱過程で気体の行う力学的仕事を W とすると終状態の内部エネルギーは $U_1 - W$ である．特に，この断熱過程が準静的であるとき，気体のする仕事を W_0 とすると，この準静的断熱過程は可逆であり，すなわち逆過程 $(U_1 - W_0, V_2) \to (U_1, V_1)$ が断熱過程として存在する．これより断熱過程 $(U_1 - W_0, V_2) \to (U_1, V_1) \to (U_1 - W, V_2)$ が存在するので，Planck の原理によれば $U_1 - W_0 \leq U_1 - W$ である．よって $W \leq W_0$ である． 証明終わり．

問 4.3 Carnot サイクルの PV 図，ST 図．

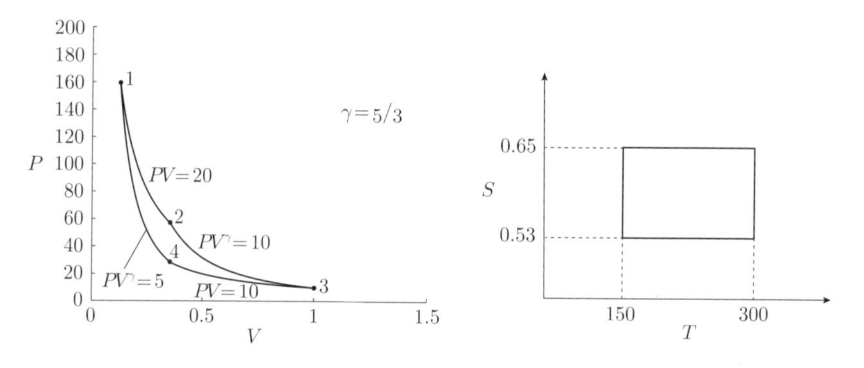

問 4.4 定積過程 $4 \to 1$ と $2 \to 3$ において，単原子分子理想気体が吸収する熱は

$$Q_{4,1} = \frac{3}{2}R(T_1 - T_4) > 0, \quad Q_{2,3} = \frac{3}{2}R(T_3 - T_2) < 0,$$

であり，このサイクルでは熱の出入りがあるのはこれらの過程のみであるからこのサイクルの効率は

$$\eta = 1 - \frac{T_2 - T_3}{T_1 - T_4},$$

である．一方，$1 \to 2$ と $3 \to 4$ は準静的断熱過程であり，$V_1 = V_4$,

$V_2 = V_3$ であるから，

$$T_1^{\frac{3}{2}} V_1 = T_2^{\frac{3}{2}} V_2, \quad T_3^{\frac{3}{2}} V_2 = T_3^{\frac{3}{2}} V_3 = T_4^{\frac{3}{2}} V_4 = T_4^{\frac{3}{2}} V_1,$$

であり，

$$\frac{T_3}{T_2} = \frac{T_4}{T_1}$$

である．このことからこのサイクルの効率は次のように書くことができる．

$$\eta = 1 - \frac{T_2}{T_1}.$$

問 4.5　準静的定圧過程 $1 \to 2$ と $3 \to 4$ で系が吸収する熱は内部エネルギーの変化と気体のした力学的仕事の和であり，

$$Q_{1,2} = \frac{3}{2}(P_2V_2 - P_1V_1) + P_1(V_2 - V_1) = \frac{5}{2}P_1(V_2 - V_1) > 0,$$

$$Q_{3,4} = \frac{3}{2}(P_4V_4 - P_3V_3) + P_3(V_4 - V_3) = \frac{5}{2}P_3(V_1 - V_2) < 0,$$

となる．また，準静的定積過程 $2 \to 3$ と $4 \to 1$ で系が吸収する熱は内部エネルギーの変化であり，

$$Q_{2,3} = \frac{3}{2}(P_3V_3 - P_2V_2) = \frac{3}{2}(P_3 - P_1)V_2 < 0,$$
$$Q_{4,1} = \frac{3}{2}(P_1V_1 - P_4V_4) = \frac{3}{2}(P_1 - P_3)V_1 > 0$$

この機関が 1 周期で外に行う力学的仕事は $(P_1 - P_3)(V_2 - V_1)$ であるから，この機関の効率は，

$$\eta = \frac{(P_1 - P_3)(V_2 - V_1)}{Q_{1,2} + Q_{4,1}} = \frac{(P_1 - P_3)(V_2 - V_1)}{\frac{5}{2}P_1(V_2 - V_1) + \frac{3}{2}(P_1 - P_3)V_1}.$$

問 4.6　準静的等温過程 $1 \to 2$ と $3 \to 4$ で気体が吸収した熱は行った力学的仕事に等しく，

$$Q_{1,2} = W_{1,2} = nRT_1 \log\frac{V_2}{V_1} > 0,$$
$$Q_{3,4} = W_{3,4} = nRT_3 \log\frac{V_4}{V_3} = nRT_3 \log\frac{V_1}{V_2} < 0$$

であり，定積過程 $2 \to 3$ と $4 \to 1$ では仕事を行わず，気体の吸収した熱は

$$Q_{2,3} = \frac{3}{2}nR(T_3 - T_2) = \frac{3}{2}nR(T_3 - T_1) < 0,$$
$$Q_{4,1} = \frac{3}{2}nR(T_1 - T_4) = \frac{3}{2}nR(T_1 - T_3) > 0,$$

したがってこの2温度機関の効率は

$$\eta = 1 + \frac{Q_{2,3} + Q_{3,4}}{Q_{1,2} + Q_{4,1}} = 1 - \frac{T_3 \log \frac{V_2}{V_1} + \frac{3}{2}(T_1 - T_3)}{T_1 \log \frac{V_2}{V_1} + \frac{3}{2}(T_1 - T_3)} < 1 - \frac{T_3}{T_1}.$$

$f(x) = \frac{x+a}{x+b}$ は $f'(x) = \frac{b-a}{(x+b)^2}$ で，$a < b$ ならば $x > 0$ で単調増加であることを用いた．

問 4.7　絶対温度 T，T' と T，T'' ではたらく Carnot サイクルの効率より，この機関が T での等温過程 $5 \to 6$ で放出する熱は

$$\frac{T}{T'}Q' + \frac{T}{T''}rQ'$$

であるから，この機関の効率は

$$\eta(r) = 1 - \frac{\frac{T}{T'}Q' + \frac{T}{T''}rQ'}{Q' + rQ'} = 1 - \frac{T}{T''}\frac{\frac{T''}{T'} + r}{1 + r}.$$

$f(x) = \frac{x+a}{x+1}$ は $a > 1$ とすると，$x > 0$ について単調減少なので不等式 $\eta(0) < \eta(r) < \eta(\infty)$ が得られる．

7.5　5章の問題の解答

問 5.1　関数 $u(x) = H(S, x) - xV$ の極値を与える値を $x = P$ とすると，

$$0 = u'(P) = \frac{\partial H}{\partial x} - V.$$

$x = P' \neq P$ に対して，圧力とエントロピーが (P', S) で平衡状態となる体積を V' とすると $-P(S, V)$ は V について単調増加なので，

$$\begin{aligned} u(P) - u(P') &= H(S, P) - H(S, P') - (P - P')V \\ &= U(S, V) - U(S, V') + P'(V - V') \end{aligned}$$

$$= -\int_{V'}^{V} P(S,y)dy + P'(V-V') \geq 0,$$

となり，$u(x)$ は $x = P$ で極大であることがわかる．

問 5.2　Helmholtz 自由エネルギー $F(T,V)$ の偏導関数は，

$$\frac{\partial}{\partial T}F(T,V) = -S, \quad \frac{\partial}{\partial V}F(T,V) = -P$$

である．第 1 式からエントロピーが (T,V) の関数として与えられるので，定積熱容量が (T,V) の関数として得られる．第 2 式は状態方程式である．Gibbs 自由エネルギー $G(T,P)$ の偏導関数は，

$$\frac{\partial}{\partial T}G(T,P) = -S, \quad \frac{\partial}{\partial P}G(T,P) = V,$$

である．第 2 式から状態方程式が得られ，圧力 P は (T,V) の関数として与えられる．このことと第 1 式からエントロピーが (T,V) の関数として与えられるので，定積熱容量が (T,V) の関数として得られる．エンタルピー $H(P,S)$ の偏導関数は

$$\frac{\partial}{\partial P}H(P,S) = V, \quad \frac{\partial}{\partial S}H(P,S) = T,$$

第 1 式と第 2 式を連立させると圧力とエントロピーは (T,V) の関数として与えられるため，状態方程式が得られ，定積熱容量が (T,V) の関数として与えられる．よってこれらの熱力学関数は完全である．

問 5.3　単原子分子理想気体の Helmholtz 自由エネルギーは

$$\begin{aligned} F(T,V) &= U(T,V) - TS(T,V) \\ &= \frac{3}{2}nRT - nRT\Big[\log T^{\frac{3}{2}}\frac{V}{n} + \log\Big(\frac{3}{2}R\Big)^{\frac{3}{2}}\Big], \end{aligned}$$

Gibbs 自由エネルギーは状態方程式 $V = nRT/P$ により

$$\begin{aligned} G(T,P) &= F + PV = F(T, nRT/P) + nRT \\ &= \frac{5}{2}nRT - nRT\Big[\log T^{\frac{5}{2}}P^{-1} + \log\Big(\frac{3}{2}\Big)^{\frac{3}{2}}R^{\frac{5}{2}}\Big], \end{aligned}$$

エンタルピーは

$$H(P,S) = U + PV = \frac{3}{2}nRT + nRT$$
$$= \frac{5}{2}nRT = \left(\frac{2}{3}\right)^{\frac{3}{5}}\frac{5}{2}nP^{\frac{2}{5}}\exp\frac{2S}{5nR}.$$

問 5.4　Gibbs 自由エネルギー $G(T,P)$ の微分の順序を交換し，次の関係式を得る．

$$\frac{\partial V}{\partial T} = \frac{\partial^2 G}{\partial T \partial P} = \frac{\partial^2 G}{\partial P \partial T} = -\frac{\partial S}{\partial P}.$$

同様にエンタルピー $H(P,S)$ についても，次のようにして得られる．

$$\frac{\partial T}{\partial P} = \frac{\partial^2 H}{\partial P \partial S} = \frac{\partial^2 H}{\partial S \partial P} = \frac{\partial V}{\partial S}.$$

問 5.5　式 (5.6) (5.7) を κ_T と κ_S について解くと，次が得られる．

$$\kappa_T = \frac{TV\alpha_P^2}{C_P - C_V}, \quad \kappa_S = \frac{TV\alpha_P^2 C_V}{C_P(C_P - C_V)}.$$

問 5.6　単原子分子理想気体の等温圧縮率は，

$$\kappa_T = -\frac{1}{V}\left(\frac{\partial V}{\partial P}\right)_T = \frac{-P}{nRT}\frac{\partial}{\partial P}\frac{nRT}{P} = P^{-1} = \frac{V}{nRT}.$$

準静的断熱曲線 $PV^{\frac{5}{3}} =$ 一定の両辺を P で微分して

$$V^{\frac{5}{3}} + \frac{5}{3}PV^{\frac{2}{3}}\left(\frac{\partial V}{\partial P}\right)_S = 0.$$

この関係から断熱圧縮率は，

$$\kappa_S = -\frac{1}{V}\left(\frac{\partial V}{\partial P}\right)_S = \frac{3}{5P} = \frac{3}{5}\frac{V}{nRT}$$

定圧膨張率は

$$\alpha_P = \frac{1}{V}\left(\frac{\partial V}{\partial T}\right)_P = \frac{1}{V}\left(\frac{\partial}{\partial T}\frac{nRT}{P}\right)_P = \frac{nR}{PV} = \frac{1}{T}.$$

定積熱容量は $\frac{3}{2}nR$，定圧熱容量は $\frac{5}{2}nR$ であるから，5.3 節で得られた性質

$$\kappa_T(C_P - C_V) = TV\alpha_P^2, \tag{7.1}$$

$$C_P(\kappa_T - \kappa_S) = TV\alpha_P^2. \tag{7.2}$$

が確かめられる.

問 5.7　5.4.2 項で与えられた理想気体の状態変化 $(n_1, T, V_1) \to (n_1, T, V_1')$ と $(n_2, T, V_2) \to (n_2, T, V_2')$ において $V_1 + V_2 = V_1' + V_2'$ であるとする．終状態では両者の圧力が等しいことと状態方程式により

$$\frac{V_1'}{n_1} = \frac{V_2'}{n_2} = \frac{V_1 + V_2}{n_1 + n_2}$$

の関係がある．それぞれの状態変化を準静的等温過程で気体の行う力学的仕事を計算すると

$$\Delta F_1 = -\int_{V_1}^{V_1'} P(n_1, T, V)dV = -\int_{V_1}^{V_1'} \frac{n_1 RT}{V} dV = -n_1 RT \log \frac{V_1'}{V_1}$$
$$= -n_1 RT \log \frac{n_1}{n_1 + n_2} \frac{V_1 + V_2}{V_1}$$
$$\Delta F_2 = -\int_{V_2}^{V_2'} P(n_2, T, V)dV = -\int_{V_2}^{V_2'} \frac{n_2 RT}{V} dV = -n_2 RT \log \frac{V_2'}{V_2}$$
$$= -n_2 RT \log \frac{n_2}{n_1 + n_2} \frac{V_1 + V_2}{V_2}$$

よって,

$$\Delta F_1 + \Delta F_2 = n_1 RT \log \frac{V_1}{V_1 + V_2} \frac{n_1 + n_2}{n_1} + n_2 RT \log \frac{V_2}{V_1 + V_2} \frac{n_1 + n_2}{n_2}$$

$0 < a,\ b < 1,\ a + b = 1,\ 0 < x < 1$ に対する関数を

$$f(x) = a \log \frac{x}{a} + b \log \frac{1 - x}{b}$$

とするとき，その導関数は

$$f'(x) = \frac{a - x}{x(1 - x)}$$

であり，f は $x = a$ で最大値 $f(a) = 0$ をとる．したがって,

$$\Delta F_1 + \Delta F_2 \leq 0.$$

等号は $V_1/V_2 = n_1/n_2$ となるときである．したがって，Helmholtz 自由エネルギーの変化は負である.

問 5.8　極値 $f'(\mu)=0$ を与える化学ポテンシャルを μ とし，(μ,n,P,T,V) を平衡状態とする．その μ とは異なる値を $\mu'\neq\mu$ とし，それに対応する平衡状態を (μ',n',P',T,V) とし，$V'=Vn/n'$ とする．このとき，$V'/n=V/n'$ であるから，(μ',n,P',T,V') も平衡状態である．

$$
\begin{aligned}
&f(\mu)-f(\mu')=n(\mu-\mu')+\Omega(\mu,T,V)-\Omega(\mu',T,V)\\
&=n(\mu-\mu')-n\mu+F(n,T,V)+n'\mu'-F(n',T,V)\\
&=\mu'(n'-n)+F(n,T,V)-F(n',T,V)\\
&=G(P',T)(1-n/n')+F(n,T,V)-F(n',T,V)\\
&=[F(n',T,V)+P'V](1-n/n')+F(n,T,V)-F(n',T,V)\\
&=P'V-P'Vn/n'+F(n,T,V)-F(n',T,V)n/n'\\
&=P'(V-V')+F(n,T,V)-F(n,T,V')\\
&=W_{\max}[(n,V,T)\to(n,V',T)]-P'(V'-V)\geq 0
\end{aligned}
$$

等式の最後の行の第2項の $P'(V'-V)$ は圧力 P，絶対温度 T の定圧等温環境のもとでの始状態 (n,P,T,V) にある系に対して圧力を瞬時に P' の定圧等温環境に置き換えて十分な時間が経って得られる終状態 (n,P',T,V') の間に気体の行う力学的仕事に等しい．したがって最後の不等式は最大仕事の原理による．

問 5.9　理想気体に対するグランドポテンシャルは，

$$
\begin{aligned}
\Omega(\mu,T,V)&=-n\mu+F(n,T,V)\\
&=-n\mu+\frac{3}{2}nRT-nRT\log\left(\frac{3}{2}RT\right)^{\frac{3}{2}}Vn^{-1}
\end{aligned}
$$

ただし，n はこの関数を最小にするように定まるので，上の式を n で微分して得られる次の極値条件

$$
0=-\mu+\frac{5}{2}RT-RT\log\left(\frac{3}{2}RT\right)^{\frac{3}{2}}Vn^{-1},
$$

を用いて

$$
n=\left(\frac{3}{2}RT\right)^{\frac{3}{2}}Ve^{\frac{\mu}{RT}-\frac{5}{2}}
$$

と求まる．これを代入して整理すると次のようなグランドポテンシャルが得られる．

$$\Omega(\mu,T,V) = -\left(\frac{3}{2}\right)^{\frac{3}{2}}\left(RT\right)^{\frac{5}{2}} V e^{\frac{\mu}{RT}-\frac{5}{2}}.$$

これを μ で微分すると再び $n(\mu,T,V)$ を得る．またグランドポテンシャルは $-PV$ に等しいので状態方程式

$$PV = nRT$$

が得られる．エントロピーを (n,T,V) の関数として書くことができ，

$$S(\mu,T,V) = -\left(\frac{\partial\Omega}{\partial T}\right)_{\mu,V} = nR\log\left(\frac{3}{2}RT\right)^{\frac{3}{2}} V n^{-1}$$

となるので，定積熱容量は次のように求まる．

$$C_V = T\left(\frac{\partial S}{\partial T}\right)_V = \frac{3}{2}nR.$$

7.6　6 章の問題の解答

問 6.1　(1) エネルギー方程式によって

$$\frac{\partial U}{\partial V} = -P + T\frac{\partial P}{\partial T} = \frac{nRT^2}{V}\left(b_2'(T)\frac{n}{V} + b_3'(T)\frac{n^2}{V^2}\right)$$

両辺を積分して，

$$U(T,V) = \int dV\left[\frac{n^2RT^2b_2'(T)}{V^2} + \frac{n^3RT^2b_3'(T)}{V^3}\right] \tag{7.3}$$

$$= f(T) - \frac{n^2RT^2b_2'(T)}{V} - \frac{n^3RT^2b_3'(T)}{2V^2} \tag{7.4}$$

ただし，$f(T)$ は絶対温度の任意関数であり，理想気体の定積モル比熱を c_V として，この気体の内部エネルギーの希薄極限が

$$U(n,T,V) = \lim_{n/V\to 0} nc_VT$$

であるとすると，$f(T) = nc_VT$ でなければならない．よって，

$$U(n,T,V) = nc_V T - \frac{n^2RT^2b_2'(T)}{V} - \frac{n^3RT^2b_3'(T)}{2V^2}.$$

と求まる.

(2) エントロピーを Clausius 等式により求める.

$$\begin{aligned}
dS = \frac{dU + PdV}{T} &= \frac{1}{T}\frac{\partial U}{\partial T}dT + \frac{1}{T}\frac{\partial U}{\partial V}dV + \frac{\partial P}{\partial T}dV - \frac{1}{T}\frac{\partial U}{\partial V}dV \\
&= \Big[\frac{nc_V}{T} - \frac{n^2R(2b_2'(T) + Tb_2''(T))}{V} - \frac{n^3R(2b_3'(T) + Tb_3''(T))}{2V^2}\Big]dT \\
&\quad + \frac{nR}{V}\Big[1 + (b_2(T) + Tb_2'(T))\frac{n}{V} + (b_3(T) + Tb_3'(T))\frac{n^2}{V^2}\Big]dV
\end{aligned} \tag{7.5}$$

等温準静的膨張 $(T_0, V_0) \to (T_0, V)$ を考えると

$$\begin{aligned}
&S(T_0, V) - S(T_0, V_0) \\
&= \int_{V_0}^{V} \Big[\frac{nR}{V} + R(b_2(T_0) + T_0b_2'(T_0))\frac{n^2}{V^2} + R(b_3(T_0) + T_0b_3'(T_0))\frac{n^3}{V^3}\Big]dV \\
&= nR\log V/V_0 + R(b_2(T_0) + T_0b_2'(T_0))\Big(-\frac{n^2}{V} + \frac{n^2}{V_0}\Big) \\
&\quad + R(b_3(T_0) + T_0b_3'(T_0))\Big(-\frac{n^3}{2V^2} + \frac{n^3}{2V_0^2}\Big) \\
&= nR\log V/V_0 + \frac{Rn^2}{V_0}(b_2(T_0) + T_0b_2'(T_0)) + \frac{Rn^3}{2V_0^2}(b_3(T_0) + T_0b_3'(T_0)) \\
&\quad - \frac{Rn^2}{V}(b_2(T_0) + T_0b_2'(T_0)) - \frac{Rn^3}{2V^2}(b_3(T_0) + T_0b_3'(T_0)).
\end{aligned}$$

定積準静的加熱 $(T_0, V) \to (T, V)$ を考えると

$$\begin{aligned}
&S(T, V) - S(T_0, V) \\
&= \int_{T_0}^{T} \Big[\frac{nc_V}{T} - \frac{n^2R}{V}(2b_2'(T) + Tb_2''(T)) - \frac{n^3R}{2V^2}(2b_3'(T) + Tb_3''(T))\Big]dT \\
&= nc_V \log T/T_0 - \frac{n^2R}{V}(b_2(T) - b_2(T_0) + Tb_2'(T) - T_0b_2'(T_0)) \\
&\quad - \frac{n^3R}{2V^2}(b_3(T) - b_3(T_0) + Tb_3'(T) - T_0b_3'(T_0)) \\
&= nc_V \log T/T_0 - \frac{n^2R}{V}(b_2(T) + Tb_2'(T)) - \frac{n^3R}{2V^2}(b_3(T) + Tb_3'(T))
\end{aligned}$$

$$+\frac{n^2R}{V}(b_2(T_0)+T_0b_2'(T_0))+\frac{n^3R}{2V^2}(b_3(T_0)+T_0b_3'(T_0)).$$

今，計算したエントロピーの変化の和

$$\begin{aligned}
&S(T,V)-S(T_0,V_0)=S(T,V)-S(T_0,V)+[S(T_0,V)-S(T_0,V_0)]\\
&=nc_V\log T+nR\log V/n-\frac{n^2R}{V}(b_2(T)+Tb_2'(T))\\
&\quad-\frac{n^3R}{2V^2}(b_3(T)+Tb_3'(T))-nc_V\log T_0-nR\log V_0/n\\
&\quad+\frac{n^2R}{V_0}(b_2(T_0)+T_0b_2'(T_0))+\frac{n^3R}{2V_0^2}(b_3(T_0)+T_0b_3'(T_0)).
\end{aligned}$$

によって，以下のようにエントロピーの (T,V) 依存性が得られる．

$$\begin{aligned}
S(n,T,V)=nR\log T^{\frac{c_V}{R}}V/n-\frac{n^2R(b_2(T)+Tb_2'(T))}{V}\\
-\frac{n^3R(b_3(T)+Tb_3'(T))}{2V^2}.
\end{aligned}\tag{7.6}$$

(3) Helmholtz 自由エネルギーは (1) で得られた $U(n,T,V)$ と，(2) で得られた $S(n,T,V)$ を用いると，

$$F(n,T,V)=U(n,T,V)-TS(n,T,V)\tag{7.7}$$

$$=nc_VT-nRT\log T^{\frac{c_V}{R}}V/n+\frac{n^2RTb_2(T)}{V}+\frac{n^3RTb_3(T)}{2V^2}$$

問 6.2　気体の種類，温度によってビリアル係数が異なるので，各気体，各温度ごとに展開の最低次である直線で数値をフィットし，縦軸の切片として気体定数 R を外挿する．$R=8.31$ と 3 桁の精度で求められる．

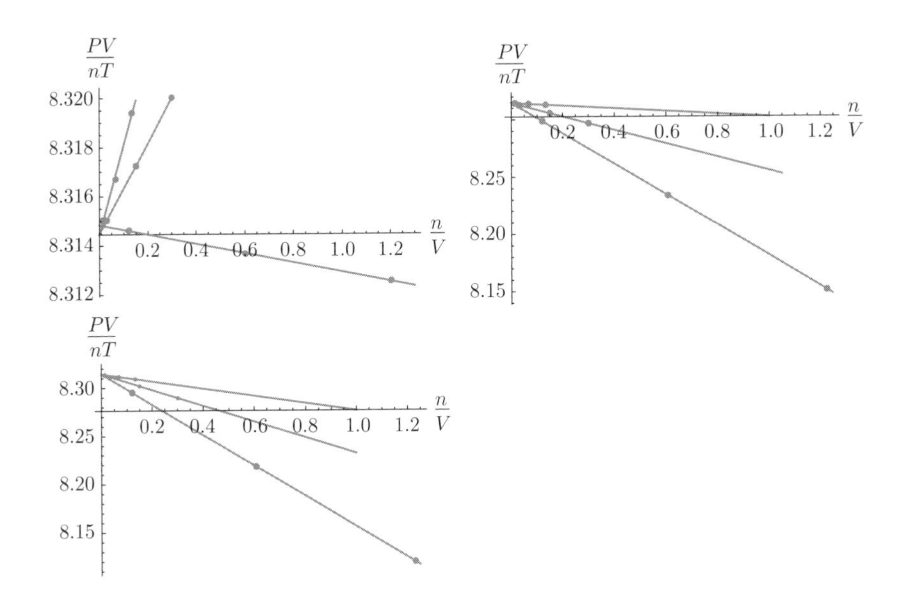

H_2（左上），N_2（右上），O_2（左下）の等温での状態変化．各直線は上から $T = 300\text{K}$，200K，100K．

H_2 の温度 $T = 300\text{K}, 200\text{K}, 100\text{K}$ の数値から $R =$8.3145, 8.3145, 8.3148 と外挿される．

N_2 の温度 $T = 300\text{K}, 200\text{K}, 100\text{K}$ の数値から $R = 8.3146, 8.3145,$ 8.3148 と外挿される．

O_2 の温度 $T = 300\text{K}$，200K，100K の数値から $R = 8.3143$，8.3144，8.3143 と外挿される．

問 6.3　全体の質量がわかっているので，気化させたときの全体の物質量がわかればそれぞれの気体の物質量がわかる．窒素と酸素，それぞれの気体の物質量 n_1，n_2 と絶対温度 T を一定とするとき，気体の体積はそれぞれの気体の分圧 P_1，P_2 の関数 $V(P_1, P_2)$ と考えられる．このとき，全圧力の低圧極限は理想気体極限になり，全体の物質量

$$n_1 + n_2 = \lim_{P_1+P_2 \to 0} \frac{(P_1 + P_2)V(P_1, P_2)}{RT}$$

に収束するので，低圧極限の外挿によって求められる．

問 6.4　(1) モル体積 v のかわりに物質量密度 $\rho = n/V = 1/v$ を用いると van der Waars 方程式は次のように書ける.

$$P = \frac{\rho RT}{1-\rho b} - a\rho^2.$$

問題に示された表に，定まった気体，温度に対して 2 組の (P, ρ) の値が与えられている。それらを (P_i, ρ_i) $(i = 1, 2)$ とし，上の van der Waars 方程式に代入すると，a，b に関する連立方程式が得られる.

$$P_1 = \frac{\rho_1 RT}{1-\rho_1 b} - a\rho_1^2 \tag{7.8}$$

$$P_2 = \frac{\rho_2 RT}{1-\rho_2 b} - a\rho_2^2 \tag{7.9}$$

式 (7.9) を ρ_2^2 で割ったものから (7.8) を ρ_1^2 で割ったものを引いて，a を消去すると，b に関する次の方程式が得られる.

$$\frac{P_2}{\rho_2^2} - \frac{P_1}{\rho_1^2} = \frac{\rho_2 RT}{1-\rho_2 b} - \frac{\rho_1 RT}{1-\rho_1 b}.$$

両辺に $(1-\rho_1 b)(1-\rho_2 b)$ を掛けると，この方程式は 2 次方程式に帰着する.

$$\left(\frac{P_2}{\rho_2^2} - \frac{P_1}{\rho_1^2}\right)\rho_1\rho_2 b^2 - \left\{\left(\frac{P_2}{\rho_2^2} - \frac{P_1}{\rho_1^2}\right)(\rho_1+\rho_2) - \frac{RT(\rho_1^2-\rho_2^2)}{\rho_1\rho_2}\right\} b + \frac{P_2}{\rho_2^2} - \frac{P_1}{\rho_1^2} - \frac{RT(\rho_1-\rho_2)}{\rho_1\rho_2} = 0.$$

b^2 の係数，b の係数，定数項をそれぞれ p，q，r とおくと，この 2 次方程式は $pb^2 + qb + r = 0$ となって，解は $b_- = \frac{1}{2p}(-q - \sqrt{q^2 - 4pr})$ と $b_+ = \frac{1}{2p}(-q + \sqrt{q^2 - 4pr})$ となる．また，それぞれに対して a を式 (7.8) から求めることができる.

$$a_\pm = \frac{RT}{\rho_1(1-\rho_1 b_\pm)} - \frac{P_1}{\rho_1^2}.$$

数値計算は Microsoft Excel などの表計算ソフトを使ってやるとよい. 臨界点の圧力 P_c，温度 T_c，モル体積 v_c はいずれも正であることを要請すると (a_+, b_+) は除外される。したがって，各気体の van der Waars パラメーターは

H_2 (40K)　; $a = 2.3\times10^{-2}$ Pa m^{6}mol^{-2}, $b = 2.2\times10^{-5}$ m^{3}mol^{-1}
N_2 (130K) ; $a = 1.38\times10^{-1}$ Pa m^{6}mol^{-2}, $b = 3.30\times10^{-5}$ m^{3}mol^{-1}
O_2 (160K) ; $a = 1.42\times10^{-1}$ Pa m^{6}mol^{-2}, $b = 2.82\times10^{-5}$ m^{3}mol^{-1}
と求められる．H_2 だけ絶対温度が 40K と精度 2 桁であることに注意せよ．

(2) 上で求めた値を $(P_c, T_c, v_c) = \left(\frac{a}{27b^2}, \frac{8a}{27Rb}, 3b\right)$ に代入し，次を得る．

H_2 (40K)　; $(1.8\times10^6, 3.8\times10, 6.5\times10^{-5})$
N_2 (130K) ; $(4.70\times10^6, 1.49\times10^2, 9.89\times10^{-5})$
O_2 (160K) ; $(6.57\times10^6, 1.79\times10^2, 8.47\times10^{-5})$

6.4.2 項で与えられた表のおおよその値を再現している．

(3) van der Waals 気体の等温圧縮率は

$$\kappa_T(v) = -\left(v\frac{\partial P}{\partial v}\right)^{-1} = \left[\frac{RTv}{(v-b)^2} - \frac{2a}{v^2}\right]^{-1}$$

(1)(2) では精度 3 桁の値を求めるために四捨五入して答えとしたが，四捨五入する前の値 $a = 1.41628\times10^{-1}$，$b = 2.822491\times10^{-5}$，$T_c = 178.664$ と $v = 2b$，$4b$ を代入して計算し，最後に四捨五入すると $\kappa_T(2b) = 6.09\times10^{-8}$ Pa^{-1}，$\kappa_T(4b) = 8.43\times10^{-7}$ Pa^{-1} が得られる．$T = T_c$ では液体のように振る舞う $v = 2b$ から気体のように振る舞う $v = 4b$ になると圧縮率は 10 倍近くになる．より低温になると Maxwell 構築が必要となり，液体と気体の違いはより顕著となる．

問 6.5　van der Waals 方程式をビリアル展開すると，

$$b_2(T) = b - \frac{a}{RT}$$

と求まるので，6.2.1 項で導いた Mayer の関係式の補正に代入すると

$$c_P - c_V - R = 2RTb_2'(T)\frac{n}{V} = \frac{2an}{TV}.$$

300K，10^5 Pa において，n/V を理想気体とし，この式に問 6.4 で求めたパラメーター a を代入すると，補正の値は以下のようになる．

H_2 ; 0.0062　N_2 ; 0.0368　O_2 ; 0.0379.

$(c_P - c_V)/R$ を求めると以下のようになる．

H_2 ; 1.0007　N_2 ; 1.0044　O_2 ; 1.0046.

表 6.2 で与えられた値に近いことがわかる．

問 6.6　6.5 節で与えられた Landau 展開による状態方程式 (6.35) において $T = T_c$ とおくと

$$P - P_c = -\frac{c}{3!}(v - v_c)^3$$

となり，この特異性を表す臨界指数 $P - P_c \simeq -(v - v_c)^\delta$ が $\delta = 3$ と求まる．

問 6.7　低温側における Landau 展開

(1) 低温領域 $T < T_c$ において，係数の符号が変わり，$f(T, v)$ の v についての凸性が失われるため，Maxwell 構築をしなければならない．方程式

$$f_v(T, v_1) = f_v(T, v_2) = \frac{f(T, v_2) - f(T, v_1)}{v_2 - v_1}$$

を具体的に書くと

$$\begin{aligned}
&- P_c - P_T(T - T_c) + a(T - T_c)(v_1 - v_c) + \frac{b}{2}(T - T_c)(v_1 - v_c)^2 \\
&\quad + \frac{c}{3!}(v_1 - v_c)^3 \\
&= -P_c - P_T(T - T_c) + a(T - T_c)(v_2 - v_c) \\
&\quad + \frac{b}{2}(T - T_c)(v_2 - v_c)^2 + \frac{c}{3!}(v_2 - v_c)^3 \\
&= \frac{1}{v_2 - v_1}\Big[[-P_c - P_T(T - T_c)](v_2 - v_c) + \frac{a}{2}(T - T_c)(v_2 - v_c)^2 \\
&\quad + \frac{b}{3!}(T - T_c)(v_2 - v_c)^3 + \frac{c}{4!}(v_2 - v_c)^4 + [P_c + P_T(T - T_c)](v_1 - v_c) \\
&\quad - \frac{a}{2}(T - T_c)(v_1 - v_c)^2 - \frac{b}{3!}(T - T_c)(v_1 - v_c)^3 - \frac{c}{4!}(v_1 - v_c)^4\Big]
\end{aligned}$$

となる．これを整理して

$$
\begin{aligned}
&a(T-T_c)\delta v_1 + \frac{b}{2}(T-T_c)\delta v_1^2 + \frac{c}{3!}\delta v_1^3 \\
&= a(T-T_c)\delta v_2 + \frac{b}{2}(T-T_c)\delta v_2^2 + \frac{c}{3!}\delta v_2^3 \\
&= \frac{a}{2}(T-T_c)(\delta v_1 + \delta v_2) + \frac{b}{3!}(T-T_c)(\delta v_1^2 + \delta v_1 \delta v_2 + \delta v_2^2) \\
&\quad + \frac{c}{4!}(\delta v_1^3 + \delta v_1^2 \delta v_2 + \delta v_1 \delta v_2^2 + \delta v_3^3)
\end{aligned}
$$

ただし，$\delta v_1 = v_1 - v_c$，$\delta v_2 = v_2 - v_c$ とした．臨界点 T_c 付近の振る舞いを $\delta T = T - T_c$ が微小であるという近似で調べる．これに応じて δv_1，δv_2 も微小であり，いずれの行も第1項に比べて第2項は小さいので無視すると

$$
\begin{aligned}
a\delta T\delta v_1 + \frac{c}{3!}\delta v_1^3 &= a\delta T\delta v_2 + \frac{c}{3!}\delta v_2^3 \\
&= \frac{a}{2}\delta T(\delta v_1 + \delta v_2) + \frac{c}{4!}(\delta v_1^3 + \delta v_1^2\delta v_2 + \delta v_1\delta v_2^2 + \delta v_2^3)
\end{aligned}
$$

この解を $\delta v_1 = x_1\sqrt{-\delta T}$，$\delta v_2 = x_2\sqrt{-\delta T}$ とおくと，

$$
-ax_1 + \frac{c}{3!}x_1^3 = -\frac{a}{2}(x_1 + x_2) + \frac{c}{4!}(x_1^3 + x_1^2 x_2 + x_1 x_2^2 + x_2^3) \tag{7.10}
$$

$$
-ax_2 + \frac{c}{3!}x_2^3 = -\frac{a}{2}(x_1 + x_2) + \frac{c}{4!}(x_1^3 + x_1^2 x_2 + x_1 x_2^2 + x_2^3) \tag{7.11}
$$

第1式と第2式の和より，$x_1^3 - x_1^2 x_2 - x_1 x_2^2 + x_2^3 = 0$ が得られ，これより

$$
(x_1 - x_2)^2(x_1 + x_2) = 0.
$$

$x_1 \neq x_2$ であれば，$x_2 = -x_1$ となり $x_1 = \pm\sqrt{\frac{3!a}{c}} = -x_2$. よって

$$
v_1 = v_c - \sqrt{\frac{3!a}{c}(T_c - T)}, \quad v_2 = v_c + \sqrt{\frac{3!a}{c}(T_c - T)}
$$

と求まる．ただし，$v_1 < v_2$ とした．Maxwell 構築は，van der Waals 流体に対して行ったと同様，液体と気体の共存領域 $v_1 < v < v_2$ における Helmholtz 自由エネルギーを1次関数で修正し，それ以外の領域では元の 1 mol あたりの Helmholtz 自由エネルギーを用いる．

$$f^M(T,v) = \begin{cases} f_v(T,v_1)(v-v_1) + f(T,v_1), & (v_1 < v < v_2) \\ f(T,v), & (v \le v_1 \text{ or } v_2 \le v), \end{cases} \tag{7.12}$$

このとき，領域 $v > v_2$ は気体の相であり，$v < v_1$ は液体の相である．次の気体のモル体積の最小値 v_2 と液体のモル体積の最大値 v_1 の差

$$v_2 - v_1 \simeq (T_c - T)^\beta = 2\sqrt{\frac{3!a}{c}(T_c - T)},$$

の臨界指数は $\beta = \frac{1}{2}$ と求まる．

(2) $v = v_c$ における定積モル比熱が絶対温度について $T = T_c$ で不連続になることを示す．低温側 $T < T_c$ において，Maxwell 構築による 1mol あたりの Helmholtz 自由エネルギーの Landau 展開に $v = v_c$ を代入し，v_1 が T に依存していることに注意して，T で偏微分する．

$$\begin{aligned} s(T,v_c) &= -(v_c - v_1)\frac{d}{dT}f_v(T,v_1) + f_v(T,v_1)\frac{dv_1}{dT} - f_T(T,v_1) \\ &\quad - f_v(T,v_1)\frac{dv_1}{dT} \\ &= -(v_c - v_1)\frac{d}{dT}f_v(T,v_1) - f_T(T,v_1). \end{aligned} \tag{7.13}$$

Landau 展開した 1mol あたりの Helmholtz 自由エネルギーを代入すると P_T の項などが相殺する．さらに $v_c - v_1 = \sqrt{\frac{3!a}{c}(T_c - T)}$ を代入し，寄与の $T_c - T$ より小さい，たとえば $(T_c - T)^{\frac{3}{2}}$ の項などを無視して書くと

$$\begin{aligned} s(T,v_c) &= \left[P_T - \frac{6ab}{c}(T_c - T)\right](v_c - v_1) - f_T(T,v_c) \\ &\quad + P_T(v_1 - v_c) - \frac{3a^2}{c}(T_c - T) + \cdots \\ &\simeq -f_T(T,v_c) - \frac{3a^2}{c}(T_c - T) + \cdots, \end{aligned} \tag{7.14}$$

よって，低温側から $T \to T_c$ の極限をとった定積モル比熱は

$$c_V = T\frac{\partial s}{\partial T} = -T_c f_{T,T}(T_c,v_c) + \frac{3a^2 T_c}{c}$$

であり，高温側では第 1 項に一致するので，第 2 項が不連続性を与える．

(3) 1 mol あたりのエントロピーの差は

$$s(T, v_2) - s(T, v_1) \simeq P_T(v_2 - v_1) = 2P_T\sqrt{\frac{3!a}{c}(T_c - T)}. \quad (7.15)$$

ただし $(T - T_c)(v_2 - v_1)$ は高次の項として無視した．このエントロピーの変化は Maxwell 構築していない．Landau 展開は $v \leq v_1$，$v \geq v_2$ であれば成り立つので Landau 展開における 1 mol あたりのエントロピー (6.36) からも得られる．ここで与えられるエントロピーの差に絶対温度を掛けた $T[s(T, v_2) - s(T, v_1)] = q$，は液体が気化するのに必要な 1 mol あたりの気化熱 q を与える．ここで得られている関係式 (7.15) から

$$\frac{dP}{dT} = \frac{q}{T(v_2 - v_1)}, \quad (7.16)$$

が得られるが，これは 6 章で導いた，$\dfrac{dP}{dT}$，q，T，$v_2 - v_1$ の間の Clapeyron-Clausius の関係である．今の問題では，Landau 展開を Maxwell 構築した近似的理論によってこの関係 (6.18) が得られているが，Clapeyron-Clausius の関係は一般の 1 次転移において厳密に成り立つ関係である．

系が気化するときに行う 1 mol あたりの力学的仕事 w は $T_c - T$ の最低次で

$$w = P(T, v_1)(v_2 - v_1) \simeq [P_c + P_T(T - T_c)](v_2 - v_1),$$

であり，その過程での 1 mol あたりの内部エネルギーの変化は Landau 展開の内部エネルギー (6.37) によって

$$\Delta u = u(T, v_2) - u(T, v_1) \simeq (-P_c + P_T T_c)(v_2 - v_1),$$

と求まる．したがって，熱力学の第 1 法則 $q = \Delta u + w$ が確認できる．

参考文献

[1] 佐々真一（2000）.『熱力学入門』, 共立出版.

[2] 佐々真一（2012）. 熱力学 ~エントロピーをつくる~, 数理科学 6 月号, No.588, pp.21–27.

[3] H.E.Stanley.(1971). Introduction to Phase Transitions and Critical Phenomena, Oxford University Press.

[4] 田崎晴明（2000）.『熱力学』, 培風館.

[5] NIST (https://webbook.nist.gov/chemistry/fluid/)

[6] Engineering Tool Box (https://www.engineeringtoolbox.com/critical-point-d_997.html)

索　引

【た　行】

【な　行】

【は　行】

【ま　行】

【ら　行】

〈著者紹介〉

糸井千岳（いとい　ちがく）
1985 年　日本大学大学院理工学研究科物理学専攻博士後期課程修了
現　在　日本大学理工学部物理学科 特任教授，理学博士
専　門　統計物理学，数理物理学

糸井充穂（いとい　みほ）
2004 年　東京大学大学院総合文化研究科広域科学専攻博士後期課程修了
現　在　日本大学医学部一般教育学系医系自然科学分野物理学部門 准教授，博士（学術）
専　門　物質科学

鈴木 正（すずき　せい）
2002 年　東北大学大学院理学研究科物理学専攻博士後期課程修了
現　在　埼玉医科大学医学部教養教育物理学教室 准教授，博士（理学）
専　門　統計物理学，物性理論

明解 熱力学
Understanding Thermodynamics

2023 年 3 月 25 日　初版 1 刷発行

著　者　糸井千岳　糸井充穂
　　　　鈴木 正

発行者　南條光章

発行所　**共立出版株式会社**
〒112–0006
東京都文京区小日向 4–6–19
電話　03–3947–2511（代表）
振替口座 00110–2–57035
URL www.kyoritsu-pub.co.jp

印　刷　藤原印刷
製　本　協栄製本

一般社団法人
自然科学書協会
会員

検印廃止
NDC 426.5

ISBN 978–4–320–03623–9

Printed in Japan